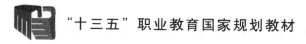
"十三五"职业教育国家规划教材

全国高职高专精品教材

空间数据库技术应用

马 娟 主 编
聂俊堂 孙晓莉 副主编

U0350271

测绘出版社
·北京·

内容提要

本书从数据库的基本知识着手,由浅入深地介绍关系数据库、空间数据库的基本概念、设计及建立方法。按照地理空间数据库建设流程,重点介绍空间数据库需求分析、概念结构设计、逻辑结构设计、空间数据库建设、空间数据库质量分析与评价、空间数据库更新与维护等内容。

本书既可作为高职高专院校测绘地理信息、摄影测量与遥感、测绘工程、工程测量、矿山、地质、农业、林业、国土、房地产、土建等专业空间数据库课程的教学使用,也可为各类成人教育及工程技术人员提供参考。

图书在版编目(CIP)数据

空间数据库技术应用 / 马娟主编. ‐‐北京:测绘
出版社,2018.12(2022.11 重印)
全国高职高专精品教材
ISBN 978-7-5030-4178-5

Ⅰ. ①空… Ⅱ. ①马… Ⅲ. ①空间信息系统－高等职
业教育－教材 Ⅳ. ①P208

中国版本图书馆 CIP 数据核字(2018)第 274534 号

责任编辑	雷秀丽						
执行编辑	杨思遥	**封面设计**	李 伟	**责任校对**	孙立新	**责任印制**	陈姝颖

出版发行	测绘出版社	电 话	010－68580735(发行部)
			010－68531363(编辑部)
地 址	北京市西城区三里河路 50 号		
邮政编码	100045	网 址	www.chinasmp.com
电子信箱	smp@sinomaps.com	经 销	新华书店
成品规格	184mm×260mm	印 刷	北京建筑工业印刷厂
印 张	10	字 数	245 千字
版 次	2018 年 12 月第 1 版	印 次	2022 年 11 月第 3 次印刷
印 数	5001－7000	定 价	28.00 元
书 号	ISBN 978-7-5030-4178-5		

本书如有印装质量问题,请与我社发行部联系调换。

前　言

　　空间数据库是测绘地理信息行业的关键支撑技术,也是高职高专院校测绘地理信息类专业及其他相关专业学生必修的一门专业课程。编者在长期的教学实践及与企事业单位同行的交流中,深刻体会到基础理论知识和技能的培养对于学生职业发展的重要意义。本书编者均是讲授空间数据库课程的一线教师,在多年的教学工作中积累了一些教学资料和经验,有了编撰成书的想法,并得到了测绘出版社的支持。几分辛劳,几经磨砺,《空间数据库技术应用》一书终得以付梓。感谢测绘出版社提供的这次机会!

　　全书以"地理空间数据库建设与维护"为主线,从介绍数据库的基本知识着手,由浅入深地介绍关系数据库、空间数据库的基本概念、设计及建立方法,重点对空间数据库需求分析、概念结构设计、逻辑结构设计、空间数据库建设、空间数据库质量分析与评价、空间数据库更新与维护等内容进行阐述,使学生在学习基本概念、理论、方法等知识和技能的过程中,逐步掌握地理空间数据库建设与维护的各环节技术要求,以期系统化地培养学生基本的"地理空间数据库建设与维护"岗位能力。编撰过程中,编写组成员始终从服务高职高专教学出发,坚持够用为度的原则,过多过难不适用于高职高专学生的内容坚决舍弃,但必需的理论和方法决不放弃。本书每个项目配有练习题,可扫描本页二维码答题并查看答案。

　　全书由昆明冶金高等专科学校马娟确定编写大纲和整体结构,并负责统稿、定稿。本书由马娟任主编,聂俊堂、孙晓莉任副主编。参加编写工作的人员有:昆明冶金高等专科学校的马娟(编写项目一)、聂俊堂(编写项目四的任务一至任务五,项目五、项目七的教学案例)、杨涛(编写项目四的任务六)、云南国土资源职业学院的孙晓莉(编写项目三和项目六)、和万荣(编写项目八的任务一和教学案例)、黄河水利职业技术学院的王双美(编写项目二和项目八的任务二)、刘剑锋(编写项目七的任务一至任务三)。书后附录和参考文献由马娟整理。编者在编写过程中参阅了大量的文献资料,在此对这些资料的作者表示感谢!

　　由于编者水平和经验有限,书中难免存在谬误之处,欢迎读者批评指正,以便我们能进一步地修订。

扫码答题
查看答案

目　录

项目一　数据库技术

[项目概述]

　　结合高职高专测绘地理信息类专业,尤其是测绘地理信息类专业学生的就业方向之"地理空间数据库建设与维护"岗位,任务一从行业背景和社会需求出发,对具体的教学实施提供建议。

　　任务二至任务四介绍数据库、数据模型、数据库保护等基础知识。

[学习目标]

　　明确"空间数据库技术应用"课程在专业中的地位和作用,了解"地理空间数据库建设与维护"岗位的工作范围、工作任务及所要求的职业能力,知道如何学习本门课程。

　　理解并掌握数据、信息、数据处理、数据库、数据模型(概念模型、逻辑模型、物理模型)、数据库保护等基本概念及其主要内容。

任务一　职业岗位分析

[任务概述]

　　空间数据库是在传统数据库的基础上,随着地图制图、地理信息系统、遥感、全球定位系统等技术的应用而产生的。空间数据库除具有数据库的所有特点外,还具有特定的数据结构和数据模型,能够存储、处理、表达、管理地理空间数据,满足不同用户对空间信息的需求。在学习空间数据库前首先要了解目前的行业背景和社会需求。

一、行业背景和社会需求

　　近年来,随着互联网时代的深刻变革,云计算、大数据、物联网等智能化技术的发展对测绘科学不断渗透,测绘地理信息行业的产业结构、产品内容及服务范围发生了重大变化。根据国家地理信息产业发展规划,测绘地理信息产业将重点发展地理信息位置服务、测绘基准信息服务、导航电子地图和互联网地图服务;推进地理信息在数字城市和智慧城市建设中的应用,开展地理国情普查与监测工作,加大地理信息技术和位置服务产品在电子商务、商业智能、电子政务、智能交通、现代物流等领域的应用;推动数字地图、多媒体地图、三维立体地图、网络地图、城市街景地图等现代地图生产,发展地理信息定制服务。

　　基础地理信息系统建设、地理信息系统应用和服务已渗透到各行各业及人们的日常生活中,市场对测绘地理信息类专业人才的需求量逐年递增。目前及未来一段时期,基础设施建设、国土资源调查、土地整治、测绘地理信息行业规模发展、不动产登记、地下管廊测绘、政府应急救灾、地理信息与导航定位融合服务、矿业开发等重大项目的开展,对测绘地理信息类专业高技能人才有大量的需求。

二、岗位描述和课程设置

　　在以上行业背景和社会需求下,空间数据库作为测绘地理信息行业的关键支撑技术,扮演着重要角色。通过分析高职高专测绘地理信息类专业学生的就业方向,了解"地理空间数据库建设与维护"工作岗位。该岗位要求毕业生具备扎实的空间数据库理论知识及空间数据库设计、实施和维护的能力,能够独立思考并与他人分工合作,协同解决各类专题地理空间数据库建设问题。基于此,在测绘地理信息类专业中开设"空间数据库技术应用"课程非常必要。从对目前开设测绘地理信息类专业的高职高专院校调研来看,"空间数据库技术应用"课程均属于专业核心课程,是学习其他相关专业课程的前提和基础,各院校在具体教学实施时也是本着理论与实践相结合的方式来进行的。因此,本书采用"基础理论"+"教学案例"+"技能训练"的形式编写,旨在为广大教师和学生提供参考。

任务二　认识数据库

[任务概述]

　　数据库技术起源于 20 世纪 60 年代末 70 年代初,是借助计算机软件技术以取代人工来保存和管理复杂、大量的数据的一门数据处理技术,其主要研究如何科学地组织和存储数据,如何高效地使用和管理数据。

　　数据库技术目前在事务处理、情报检索、人工智能、专家系统、计算机辅助设计与制造、地理信息系统等领域已得到越来越广泛的应用。数据库的建设规模、信息量的大小和使用频度已成为衡量国家信息化程度的重要标志。

　　数据库技术包括许多基本术语,主要有数据和信息、数据处理和数据管理、数据库、数据库管理系统、数据库系统等。

一、数据和信息

　　数据是对客观事物的符号表示,是指对某一目标定性、定量描述的原始资料,包括数字、文字、符号、声音、图形、图像等。数据用于承载信息。

　　信息来源于数据,是加工后的数据。信息用数字、文字、符号、声音、图形、图像等介质来表示事件、事物、现象等的内容、数量或特征,向接受者提供关于现实世界的事实和知识,作为生产、建设、经营、管理、分析和决策的依据。信息具有客观性、适用性、传输性、共享性等特征。

　　数据与信息是相辅相成的。信息是数据中所包含的内容,它不随载体的物理形式的改变而改变。例如,从测量数据中可以抽取出地理实体的形状、大小和位置等信息;从属性调查数据中可以抽取出各地理实体的属性信息。因此,信息是数据的内涵,数据是信息的表现形式。

二、数据处理和数据管理

(一)数据处理和数据管理

　　数据处理是指将数据转换为信息的过程,即"信息"="数据"+"数据处理"。数据处理包括收集、加工和传播等一系列基本环节。

　　数据管理是指对数据进行存储、分类、组织、编码、检索和维护等。

(二)数据管理的三个阶段

　　随着计算机软硬件技术及应用需求的推动,数据管理经历了人工管理、文件系统、数据库管理三个阶段。

1．人工管理阶段

20世纪50年代中期以前，计算机主要用于复杂的科学计算。当时的硬件只有纸带、卡片、磁带等外部存储设备；软件方面，没有操作系统和管理数据的软件，数据处理方式是批处理。应用程序与数据的关系，如图1-1所示。

这一阶段的数据管理有如下特点：

（1）应用程序管理数据。由于缺少操作系统和管理数据的软件，数据主要靠应用程序来管理。应用程序中除了要设计数据的逻辑模型，还要设计物理模型，大大增加了程序员的工作量。

（2）数据不保存。这一阶段的数据主要面向应用程序，用于科学计算，应用程序仅在计算机运算时将数据输入，计算完毕撤出，不保存数据。

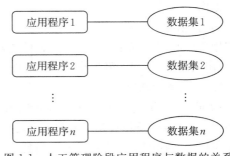

图1-1　人工管理阶段应用程序与数据的关系

（3）数据不共享。由于数据是面向应用程序的，一个数据集对应一个应用程序。当多个应用程序涉及相同的数据时，数据无法共享，造成程序之间存在大量的冗余数据。

（4）数据和应用程序间不独立。一个应用程序对应一个数据集，程序完全依赖于数据。一旦数据的类型、格式、数据量、存取方法等发生改变，应用程序必须做出相应修改。程序员可能随时需要修改程序。

2．文件系统阶段

20世纪50年代后期至60年代中期，计算机已不仅仅用于科学计算，开始广泛地用于管理数据。大量的数据存储、检索和维护成为人们的迫切需求。硬件方面，已出现可以直接存取的磁盘、磁鼓等外部存储设备；软件方面，出现了操作系统和专门的数据管理软件，即文件系统；数据处理方式有批处理和联机实时处理两种。应用程序与数据的关系，如图1-2所示。

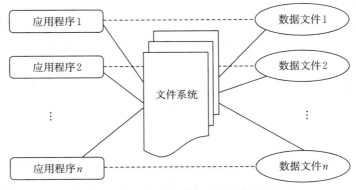

图1-2　文件系统阶段应用程序与数据的关系

这一阶段的数据管理有如下特点：

（1）文件系统管理数据。由专门的数据管理软件即文件系统进行数据管理。文件系统将数据组织为相互独立的数据文件，应用程序和数据文件之间通过文件系统提供的存取方法进行转换。

（2）数据可以长期保存。由于应用程序和数据文件分开存储，各自有着一定的独立性，所以数据文件可以长期保存在外部存储介质上,供反复查询、修改、更新等操作。

（3）数据无法共享,冗余度大。在文件系统阶段,虽然可以利用文件系统对数据进行管理,但数据文件仍然是面向应用程序的。若不同的应用程序需要用到相同的数据时,也必须建立各自的数据文件,数据之间不能共享,冗余度大。此外,由于相同数据的重复存储、各自管理,容易造成数据的不一致。

（4）数据缺乏独立性。文件系统中的数据文件是为某一特定的应用程序而设计的,数据文件和应用程序间相互依赖。若改变数据的逻辑模型或数据文件的组织方法,必须修改相应的应用程序;反之,若应用程序发生变化,数据文件也必须随之改变。

3. 数据库管理阶段

20 世纪 60 年代后期,随着数据量的增加,利用原有的文件系统管理数据的方法已无法适应应用程序的需要。同期,大容量磁盘也已出现,使计算机随机存取数据成为可能,计算机越来越多地应用于数据管理。为解决数据的独立性,实现数据的统一管理和数据共享,数据库技术应运而生,出现了统一管理数据的软件,即数据库管理系统。数据库管理阶段应用程序与数据的关系,如图 1-3 所示。

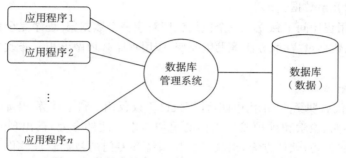

图 1-3　数据库管理阶段应用程序与数据的关系

这一阶段的主要特点如下:

（1）实现了数据共享,减少了数据冗余。数据库中存放的是通用化的相关数据集合,这些数据可以被多个用户或应用程序调用,实现了数据共享。同时,由于数据统一存储和管理,大大减少了冗余数据。

（2）数据具有较高的独立性。数据独立于应用程序,用户不需要考虑数据的物理存储结构和存储位置。

（3）数据高度结构化。数据库中的数据是有结构的,通常用某种数据模型表示出来。这种结构既反映文件内数据之间的联系,又反映文件之间的联系。

（4）具有统一的数据控制功能。数据库作为共享资源,通常会存在多个用户同时使用一个数据库的情况。这要求数据库管理系统必须提供并发控制、数据安全性控制和数据完整性控制功能。

三、数据库概述

（一）数据库

数据库（database,DB）,是长期存储在计算机内,有组织、可共享的数据集合,它不仅包含数据本身,而且包含相关数据之间的关系。数据库中的数据具有以下特点:①按一定的数据模型组织、描述和存储;②较小的冗余度;③较高的数据独立性和易扩展性;④共享性。

（二）数据库管理系统

数据库管理系统(database management system，DBMS)是位于用户与操作系统之间的一层数据管理软件，是数据库系统的重要组成部分。其主要任务是科学有效地组织和存储数据、高效地获取和管理数据、接受和完成用户提出的各种访问请求。数据库管理系统的主要功能包括以下几个方面：

(1)数据定义功能，提供数据定义语言(data definition language，DDL)，用户通过它可以方便地对数据库中的数据对象进行定义，如对数据库、表、索引进行定义。

(2)数据操作功能，提供数据操作语言(data manipulation language，DML)，用户通过它可以实现对数据库的基本操作，如对表中的数据进行查询、插入、删除、修改等。

(3)数据库运行控制功能，是数据库管理系统的核心部分，包括：①并发控制，即处理多个用户同时使用某些数据时可能产生的问题，例如，一个用户要写入数据时，另一个用户要读取该数据而产生的错误，或两个用户同时要对某数据进行写入操作时出现的错误等;②安全性控制，是对数据库采用的一种保护措施，防止非授权用户存取造成数据的泄密或破坏，如设置密码、用户访问权限等;③完整性控制，指数据的正确性和一致性，系统应采取一定的措施保障数据有效，与数据库的定义一致。数据库在建立、应用和维护时所有操作都要由这些控制程序统一管理和控制，以保证数据的安全性、完整性，以及多用户对数据的并发使用和发生故障后的系统恢复。

(4)数据库的建立和维护功能，包括数据库初始数据的输入、转换功能，数据库的转储恢复功能，数据库的重新组织功能和性能监视、分析功能等。

（三）数据库系统

数据库系统(database system，DBS)，是指具有管理和控制数据库功能的计算机应用系统，如以数据库为基础的管理信息系统。数据库系统一般由硬件系统、数据库集合、数据库管理系统及相关软件、数据库管理员和用户五个部分组成。

硬件系统是整个数据库系统的基础，数据库系统需要有足够大的内存、足够大容量的磁盘等直接存取设备;数据库集合是若干个设计合理、满足应用需求的数据库;数据库管理系统是为数据库的建立、使用和维护而配置的软件;相关软件是支持软件，如操作系统等;数据库管理员是全面负责建立、维护和管理数据库系统的人员;用户是最终系统的使用和操作人员。

任务三　数据模型

[任务概述]

模型是现实世界特征的模拟和抽象。数据库是某个企业、组织或部门所涉及的数据的综合，它不仅要反映数据本身的内容，而且要反映数据之间的联系。由于计算机不能直接处理现实世界中的具体事物，所以必须将具体事物转换为计算机能够处理的数据。在数据库中即是用数据模型(data model，DM)来抽象、表示和处理现实世界中的数据和信息。因此，数据模型就是现实世界数据特征的抽象。

一、数据模型

数据模型反映了数据库中数据与数据之间的联系。任何一个数据库管理系统都是基于某种数据模型的,不仅管理数据的值,而且要按照模型管理数据之间的联系。一个具体的数据模型应反映全部数据之间的整体逻辑关系。

(一)数据模型的分类

根据数据模型应用的目的不同,可以把数据模型分为三类。

1. 概念模型

概念模型是按照用户的观点对数据进行建模,主要用于数据库的设计。

2. 逻辑模型

逻辑模型是按照计算机系统的观点对数据进行建模,主要用于数据库管理系统的设计,包括层次模型、网状模型、关系模型等。

3. 物理模型

物理模型是逻辑模型在计算机内部具体的存储形式和操作机制,是描述数据如何存储、如何实现的过程,是数据抽象的最底层。物理模型通常由操作系统和数据库管理系统承担,用户不需要了解。因此,本书不过多涉及物理模型的介绍。

图 1-4 反映了现实世界中客观对象的抽象过程。

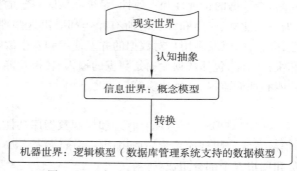

图 1-4　现实世界中客观对象的抽象过程

(二)数据模型的组成要素

数据模型由数据结构、数据操作和完整性约束三部分组成。

1. 数据结构

数据结构是所研究的对象类型的集合,这些对象是数据库的组成部分,包括两类:一类是与数据类型、内容、性质有关的对象,如关系模型中的域、属性、关系等;另一类是与数据之间联系有关的对象。

数据结构是刻画一个数据模型性质最重要的方面。因此,在数据库系统中,通常按照数据结构的类型来命名数据模型,如层次结构、网状结构和关系结构的数据模型分别命名为层次模型、网状模型和关系模型。数据结构是对系统静态特性的描述。

2. 数据操作

数据操作提供了对数据库的操纵手段,主要是指对数据库中各种对象的实例进行操作,包括检索和更新两大类。数据模型必须定义这些操作的确切含义、操作符号、操作规则及实现操作的语言。数据操作是对系统动态特性的描述。

3. 完整性约束

完整性约束是一组完整性规则的集合。完整性规则是指在给定的数据模型中,数据及其联系所具有的制约和依存规则,用以保证数据库中数据的正确性、有效性和一致性。

数据模型应反映和规定本数据模型必须遵守的基本的、通用的完整性约束条件,如在关系模型中,任何关系必须满足实体完整性和参照完整性两个约束条件。此外,数据模型还应提供定义完整性约束条件的机制,以反映具体应用所涉及的数据必须遵守的特定的语义约束条件,如在学生成绩管理数据库中规定最高成绩不能超过 100 分。

二、概念模型

由图 1-4 可知,概念模型是现实世界到机器世界的一个中间过程,是现实世界到信息世界的第一层抽象,是数据库设计人员和用户之间进行交流的语言。概念模型除应具有较强的语义表达能力,能够方便、直接地表达应用中的各种语义知识,还应该简单、清晰、易于理解。

1. 基本概念

概念模型中涉及多个名词术语,主要有:

(1)实体(entity)。实体是客观存在并可以相互区别的事物或现象。实体可以是具体的人、事、物,也可以是抽象的概念或联系,如一棵树、一栋房屋、一个人、人与房屋的权属关系等。实体可以指个体,也可以指总体,即个体的集合,例如,一栋房屋是一个实体,而多栋房屋的集合也可以看作是一个实体。

(2)属性(attribute)。属性是实体所具有的特性。一个实体可以由若干个属性来描述,如人可以由姓名、性别、民族、籍贯、身高、体重等属性来表述。

(3)关键字(key)。关键字是可以唯一标识出实体集中每个实体的属性或属性组合,也称为键或码,如 ID。

(4)域(domain)。属性的取值范围称为该属性的域。如"性别"的域为"男、女"。

(5)实体型(entity type)。用实体名及其属性名的集合来抽象和刻画同类实体,称为实体型。如学生(姓名,学号,性别,出生年月,系部,入学时间)就是一个实体型。

(6)实体集(entity set)。具有相同属性的实体的集合称为实体集。如某学校的全体老师就是一个实体集。

(7)联系(relationship)。现实世界中,事物内部及事物之间是有联系的,这些联系在信息世界中反映为实体(型)内部的联系和实体(型)之间的联系。实体内部的联系通常指组成实体的各属性之间的联系,实体之间的联系通常指不同实体集之间的联系。

2. 实体(型)之间的联系

(1)一对一联系(1∶1)。若对于实体集 A 中的每个实体,实体集 B 中至多有一个(也可以没有)实体与之联系,反之亦然,则称实体集 A 与实体集 B 之间具有一对一联系,记为 1∶1,如图 1-5(a)所示。如一个班级只有一个班长,而一个班长只在一个班级中任职,则班级和班长之间具有 1∶1 联系。

(2)一对多联系(1∶n)。若对于实体集 A 中的每个实体,实体集 B 中有 n 个实体($n \geqslant 0$)与之联系;反之,对于实体集 B 中的每个实体,实体集 A 中至多只有一个实体与之联系,则称实体集 A 与实体集 B 之间具有一对多联系,记为 1∶n,如图 1-5(b)所示。如一个班级中有若干名学生,而每个学生只在一个班级中学习,则班级和学生之间具有 1∶n 联系。

(3)多对多联系(m∶n)。若对于实体集 A 中的每个实体,实体集 B 中有 n 个实体($n \geqslant 0$)与之联系;反之,对于实体集 B 中的每一个实体,实体集 A 中也有 m 个实体($m \geqslant 0$)与之联系,则称

实体集 A 与实体集 B 之间具有多对多联系,记为 $m:n$,如图 1-5(c)所示。例如,一门课程同时可以有若干个学生选修,而一个学生可以同时选修多门课程,则课程与学生之间具有 $m:n$ 联系。

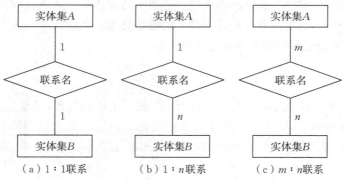

（a）1∶1联系　　　　（b）1∶n联系　　　　（c）$m:n$联系

图 1-5　实体(型)之间的三类联系

3. E-R 模型

概念模型的表示方法有很多,其中最常用的是陈品山于 1976 年提出的实体关系模型(entity-relationship model),又称为 E-R 图。

E-R 图由三个要素组成:

（1）实体,用矩形表示,矩形内标注实体名称。

（2）属性,用椭圆表示,椭圆内标注属性名称,并用连线将其与相应的实体连接起来。

（3）联系,用菱形表示,菱形内标注联系名称,并用连线将菱形框分别与相关实体相连,同时在连线上注明联系类型（1∶1、1∶n 或 $m:n$）。

下面用 E-R 图来表示某工厂物资管理的概念模型,如图 1-6 所示。

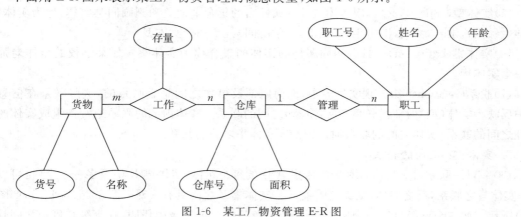

图 1-6　某工厂物资管理 E-R 图

物资管理涉及的实体如下:

（1）仓库,属性有仓库号、面积。

（2）货物,属性有货号、名称。

（3）职工,属性有职工号、姓名、年龄。

实体之间的联系描述如下:

（1）一个仓库可以存放多种货物,一种货物可以存放在多个仓库中,因此货物和仓库之间具有多对多（$m:n$）的联系,用存量来表示某种货物在某个仓库中的数量。

（2）一个仓库有多个职工当保管员，一个职工只能在一个仓库中工作，因此仓库和职工之间具有一对多（1∶n）的联系。

三、逻辑模型

1. 层次模型

层次模型是数据库系统中最早出现的数据模型，层次数据库系统采用层次模型作为数据的组织方式。层次数据库系统的典型代表是国际商业机器（IBM）公司的信息管理系统（information management system，IMS），这是 1968 年 IBM 公司推出的第一个大型的商用数据库管理系统，曾被广泛使用。

层次模型用树形结构来表示各类实体及实体之间的联系，形象地表示了现实世界中多种实体间一种很自然的层次关系，如行政机构、家族关系等。

在数据库中定义满足以下两个条件的基本层次联系的集合为层次模型：①有且仅有一个节点但没有父节点，则该节点称为根节点；②根节点以外的其他节点有且只有一个父节点。

在层次模型中，每个节点表示一个记录类型，记录类型之间的联系用节点之间的连线表示，这种联系是父子之间的一对多联系。因此，层次模型只能处理一对多（1∶n）或一对一（1∶1）的实体联系。如遇到多对多（m∶n）的实体联系，需先将其分解成一对多联系。

每个记录类型可以包含若干个字段。记录类型描述的是实体，字段描述的是实体的属性。各个记录类型及字段必须命名，各个记录类型、同一记录类型中各个字段不能同名。各个记录类型可以定义一个排序字段，也称为关键字，如果定义该排序字段的值是唯一的，则它能唯一地标识一个记录值。

在层次模型中，同一父节点的子节点称为兄弟节点，没有子节点的节点称为叶节点，如图1-7所示。其中 C1 为父节点；C11 和 C12 为兄弟节点，是 C1 的子节点；C111 和 C112 是兄弟节点，是 C11 的子节点；C12、C111 和 C112 为叶节点。

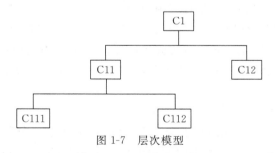

图 1-7　层次模型

层次模型像一棵倒立的树，节点的父节点是唯一的。在层次模型中，任何一个给定的记录值只有按其路径查看才能显示出它的全部意义，没有哪个子节点的记录值可以脱离父节点的记录值而独立存在。

层次模型的优点：①层次模型比较简单；②实体间的联系是固定的；③层次模型提供了良好的完整性支持。

层次模型的缺点：①查询子节点必须通过父节点；②对插入和删除操作的限制较多；③现实世界中很多联系是非层次性的，如多对多联系，一个节点具有多个父节点，层次模型表示这类联系时只能通过引入冗余数据（易产生不一致性）或创建非自然的数据组织（引入虚拟节点）来解决。

2. 网状模型

网状模型用网状结构表示实体及其之间的联系,网络中节点之间可以不受层次的限制,任意发生联系,如图 1-8 所示。

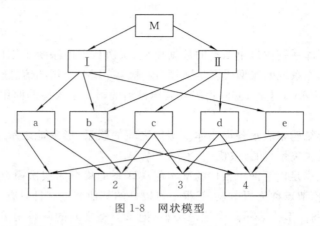

图 1-8　网状模型

网状模型有以下几个特点:①一个子节点可以有两个或多个父节点;②允许一个以上的节点无双亲;③在两个节点之间可以有两种或多种联系;④可能有回路存在。

网状模型的优点:可以描述实体间复杂的关系,能更直接地描述现实世界。

网状模型的缺点:①结构复杂;②表示数据间联系的指针极大地增加了数据量;③数据库的建立和维护较复杂。

3. 关系模型

关系模型由 IBM 公司的研究员科德(E. F. Codd)于 1970 年首次提出,开创了数据库关系方法和关系数据理论的研究,为数据库技术奠定了理论基础。

1)关系模型的定义

关系模型用二维表形式来表示实体及其联系,如图 1-9 所示。表中的每一列对应实体的一个属性,其中给出相应的属性值;每一行形成一个由多种属性组成的记录,或称元组,与一特定的实体相对应。实体间联系和各二维表间的联系采用关系描述或通过关系直接运算建立。关系模型要求关系必须是规范化的,其中最基本的是,关系的每个分量必须是一个不可分的数据项,即不允许表中有表。

2)关系模型的几个基本概念

(1)关系(relation):一个关系可以看成一个二维表,通常把一个没有重复行和重复列的二维表格看成一个关系。例如,学生基本情况表就是一个关系,每个关系有一个名字,即表名。

(2)元组(tuple):二维表中的行(数据表中的记录)即是元组,一行即为一个元组。

(3)属性(attribute):表中的一列即为一个属性,每个属性对应一个属性名。

(4)主键(primary key):主键也称关键字,是表中的某个属性组,可以唯一地确定一个元组。

(5)外键(foreign key):如果关系 R 的某一属性组不是该关系本身的主键,但却是另一关系的主键,则称该属性组是 R 的外键。

(6)域(domain):域是一组具有相同数据类型的值的集合,又称为值域。在关系中,用域来表示属性的取值范围。例如,自然数、整数、实数、长度小于 10 字节的字符串集合、1~16 之

关系名：课程

关系模式：课程（课程编号，课程名称，学分，教师编号，教室）

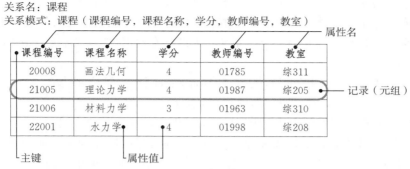

课程编号	课程名称	学分	教师编号	教室
20008	画法几何	4	01785	综311
21005	理论力学	4	01987	综205
21006	材料力学	3	01963	综310
22001	水力学	4	01998	综208

图 1-9　关系模型

间的整数都是域。

（7）分量：元组的一个属性值。

（8）关系模式：关系模式是对关系的描述，它包括关系名，组成该关系的各属性名，一般表示为关系名（属性 1，属性 2，…，属性 n）。一个关系模式对应一个关系的结构。例如，学生信息表的关系模式可描述为"学生信息（学号，姓名，性别，所属院系，所属专业名称）"。关系模式是稳定的，静态的。

3）关系操作

关系操作主要有：并、交、差、选择、投影、连接等，其中选择、投影及连接是最基本的关系操作。关系操作的特点是集合操作，即操作对象和结果都是集合。关系操作通常用关系代数和关系演算来表示。关系代数是用对关系的运算来表达查询要求的方式，关系演算是用谓词来表达查询要求的方式。关系代数和关系演算是抽象的查询语言。此外，还有一种介于关系代数和关系演算之间的语言：结构化查询语言（structured query language，SQL）。SQL 除具有丰富的查询功能外，还具有数据定义和数据控制功能，充分体现了关系数据语言的优点，是关系数据库的标准语言。这些关系数据语言的共同特点是，语言具有完备的表达能力，是非过程化的集合操作语言，功能强，能够嵌入高级语言中使用。

4）关系模型的完整性约束

关系模型的完整性约束主要有三类：实体完整性、参照完整性和用户定义完整性。关系模型中的查询、插入、删除、修改、更新等常用操作都需要满足这些约束。其中，实体完整性和参照完整性是任何关系模型都必须满足的完整性约束条件，由 DBMS 自动支持；用户定义完整性则随 DBMS 的不同而有所变化。

（1）实体完整性。规则：若属性 A 是基本关系 R 的主键字段，则属性 A 不能取空值。例如，有以下关系模式：

学生（学号，姓名，性别，出生日期，专业号），其中"学号"为主键字段，不能取空值。

选课（学号，课程号，成绩），其中"学号""课程号"为主键字段，均不能取空值。

注：①实体完整性规则规定基本关系的所有主键字段都不能取空值；②基本关系指实际存在的表，而不是查询表或视图表（导出表、虚表）。

（2）参照完整性。实体完整性是为了保证关系中主键字段属性值的正确性，而参照完整性是为了保证关系之间能够进行正确的联系。关系间能否进行正确的联系，外键起着重要作用。

规则：若属性（属性组）F 是基本关系 R 的外键，它与基本关系 S 的主键 K_s 相对应（R 和 S

不一定是不同的关系），则对于 R 中每个元组在 F 上的值必须或者取空值（F 中的每个属性值均为空值），或者等于 S 中某个元组的主键值。参照完整性规则就是定义外键和主键之间的引用规则。关系 R 的外键必须是另一个关系 S 的主键的有效值，或者是空值。例如，有以下关系模式：

学生（学号，姓名，性别，出生日期，课程号，成绩）

课程（课程号，课程名，学分）

这两个关系间存在属性的引用，即学生关系引用了课程关系的主键"课程号"。因此，学生关系中"课程号"的属性值必须是实际存在的课程的课程号，即课程关系中有该课程的记录。也就是说，学生关系中某个属性的取值需要参照课程关系的属性取值。因此，学生关系中每条记录的"课程号"的属性值或者为空（该学生还未选修任何课程），或者为课程关系中某条记录"课程号"的值。

（3）用户定义完整性。用户定义完整性是针对某一具体数据库的约束条件。它反映某一具体应用所涉及的数据必须满足的语义要求，如某个属性必须取唯一值、某些属性之间应满足一定的函数关系、某个属性的取值范围在 0～150 等。关系模型应提供定义和检验这类完整性约束的机制。

5）关系模型应遵循的条件

关系模型中应遵循以下条件：①二维表中同一列的属性类型是相同的；②二维表中各列的属性名不同；③二维表中各列的次序是无关紧要的；④没有相同内容的元组，即无重复记录；⑤元组在二维表中的次序是无关紧要的。

6）关系模型的优缺点

关系模型的优点：①结构灵活，可满足所有用布尔逻辑运算和数字运算规则形成的询问要求；②能搜索、组合和比较不同类型的数据；③插入和删除数据方便；④适宜地理属性数据的模型。

关系模型的缺点：许多操作都要求在文件中顺序查找满足特定关系的数据，若数据库很大，这一查找过程要花很多时间。

任务四　数据库保护

[任务概述]

数据库保护主要包括数据的安全性和数据的完整性，具体实施时，可由 DBMS 提供统一的保护功能，以确保数据的安全可靠和正确有效。

一、数据库的安全性

数据库的安全性是指对已建成的数据库实施保护措施，避免非法用户闯入造成数据的泄露和破坏。主要有身份认证与账户、存取控制、视图、数据加密等技术。

（一）身份认证与账户

身份认证与账户是指用户在使用数据库前，必须通过 DBMS 的认证。DBMS 会在系统内部记录通过认证的用户标识。通过身份认证的用户通常会有一个账户和密码，当使用数据库时，系统会自动鉴别其合法身份，决定其是否可以继续使用。

(二)存取控制

数据库安全最重要的是确保只授权给有资格的用户访问数据库的权限,这一保障措施可以通过 DBMS 的存取控制机制来实现。

存取控制机制包括两部分内容。

1. 定义用户权限

用户权限是指不同用户对不同的数据对象允许执行的操作权限。DBMS 可以定义用户权限,并将用户权限登记到数据字典中。

2. 合法权限检查

当用户发出存取数据库的操作请求后,DBMS 查找数据字典,根据安全规则进行合法权限检查。如果用户的操作请求满足对应的权限,系统允许用户执行此项操作,否则拒绝请求。

(三)视图机制

视图是保存在数据库中的查询结果。使用视图可以把数据对象限制在一定的范围内,即出于安全考虑,通过视图把要保密的数据隐藏起来,使不具备权限的用户无法看到整个数据库的内容,从而对数据库提供一定程度上的保护。

(四)数据加密

数据加密是防止数据库中的数据在存储和传输过程中被窃取和破坏的有效手段。加密的基本方法是根据一定的算法将原始数据转换为不可直接识别的格式,需要时再使用解密算法对数据进行解密操作,从而避免了重要数据的泄露。

由于数据加密和解密是一项比较耗时的操作,且会占用大量的系统资源。因此,普通数据库可以不采用此项技术,而对于军事情报、财务数据等重要的数据库而言,数据加密技术可以起到很好的数据库保护作用。

二、数据库的完整性

数据的完整性是指数据库中数据的正确性和一致性。为保证数据的完整性,DBMS 必须提供一种检查机制来保证输入数据库中的数据是正确的且逻辑一致的。

(一)完整性约束条件

完整性检查是围绕完整性约束条件进行的,因此完整性约束条件是完整性控制机制的核心。在关系数据库管理系统中,完整性约束条件的作用对象有关系、元组和字段三种。其中,关系约束主要是对元组间、关系间联系的约束;元组约束主要是对元组中各个字段间联系的约束;字段约束主要是限定字段的类型、取值范围、精度等内容。

(二)完整性控制机制

DBMS 的完整性控制机制应具备以下功能:

(1)定义功能。提供定义完整性约束条件的机制。

(2)检查功能。检查用户发出的操作请求是否违背了完整性约束条件。若违背,则采取一定的操作来保证数据的完整性。

目前,所有的关系数据库管理系统均提供了定义和检查实体完整性、参照完整性和用户定义完整性的功能。对于违反实体完整性和用户定义完整性的操作,一般采用拒绝执行的方式进行处理;而对于违反参照完整性的操作,则需要根据实际情况对关系表进行重新定义或修改,以保证数据库的正确性。

职业能力训练

[训练一]

　　查找文献,收集有关数据库技术的发展历史和当代数据库技术的发展趋势,撰写读书报告。

　　实训目的:了解数据库技术的发展历史和今后的发展趋势。

[训练二]

　　结合专业,谈一谈数据库技术在测绘地理信息行业的具体应用,撰写读书报告。

　　实训目的:深刻理解数据库技术在测绘地理信息行业中的地位和作用。

练习题

一、单项选择题

1. 在数据库管理技术发展过程中,经历了人工管理阶段、文件系统管理阶段和数据库系统管理阶段。在这几个阶段中,数据独立性最高的是( )阶段。

   A. 数据库系统管理　　　B. 文件系统管理　　　　C. 人工管理　　　　D. 数据项管理

2. 层次型、网状型和关系型数据库的划分原则是( )。

   A. 记录长度　　　　　　　　　　　　　　B. 文件大小

   C. 联系的复杂程度　　　　　　　　　　　D. 数据之间的联系

3. 在现实世界中,事物与事物之间有三种联系:$1:1,1:n,m:n$。在选课关系中,实体集"学生"与实体集"课程"的联系类型为( )。

   A. $1:1$　　　　　　B. $1:n$　　　　　　C. $m:n$　　　　　　D. A 或 B

4. 在数据库管理技术中,影响数据库结构的数据模型是( )。

   A. 层次模型　　　　　B. 概念模型　　　　C. 关系模型　　　　D. 网状模型

5. 数据库类型的划分,其依据是( )。

   A. 记录形式　　　　　　　　　　　　　B. 文件类型

   C. 数据模型　　　　　　　　　　　　　D. 数据的存取方法

6. 数据库的三种类型是( )。

   A. 网状、层次和分布式　　　　　　　　B. 关系、层次和分布式

   C. 网状、关系和面向对象　　　　　　　D. 层次、网状和关系

7. 在数据库中,下列说法正确的是( )。

   A. 文件中存在大量的冗余数据,而数据库彻底消灭了冗余数据

   B. DBMS 是数据库中一切功能的具体体现,所以数据库中的数据可由 DBMS 直接存取

   C. 文件系统的存取功能是由 DBMS 直接控制和管理的,因此 DBMS 可以直接存取数据库中的数据

   D. 数据库中的数据由操作系统中的文件系统进行直接存取

8. 在数据库中存储的是(　　　)。

　　A. 数据　　　　　　　　　　　　　　B. 信息

　　C. 数据及数据之间的联系　　　　　　D. 数据模型

9. 在 E-R 图中规定用"菱形框"表示(　　　)。

　　A. 实体　　　　　B. 属性　　　　　C. 联系　　　　　D. 模型

10. 数据模型的三个要素中,不包括(　　　)。

　　A. 数据完整性约束　　B. 数据结构　　C. 恢复　　　　D. 数据操作

11. E-R 模型属于(　　　)。

　　A. 概念模型　　　　B. 网状模型　　　C. 关系模型　　　D. 层次模型

12. 描述现实世界中事物的某一特性的名词称为(　　　)。

　　A. 实体　　　　　B. 实体集　　　　C. 属性　　　　　D. 关键字

13. DB、DBMS、DBS 三者之间的关系是(　　　)。

　　A. DBMS 包括 DB 和 DBS　　　　　B. DB 包括 DBMS 和 DBS

　　C. DBS 包括 DB 和 DBMS　　　　　D. DBS 包括 DB 但不包括 DBMS

14. 在 DB 中,产生数据修改不一致的根本原因是(　　　)。

　　A. 未对数据进行完整性控制　　　　　B. 数据冗余

　　C. 数据存储量太大　　　　　　　　　D. 没有严格保护数据

15. E-R 模型(　　　)。

　　A. 依赖于计算机硬件和 DBMS　　　　B. 独立于计算机硬件,依赖于 DBMS

　　C. 独立于计算机硬件和 DBMS　　　　D. 依赖于计算机硬件,独立于 DBMS

16. 数据库管理系统、操作系统、应用软件的层次关系从核心到外围是(　　　)。

　　A. 数据库管理系统、操作系统、应用软件

　　B. 操作系统、数据库管理系统、应用软件

　　C. 数据库管理系统、应用软件、操作系统

　　D. 操作系统、应用软件、数据库管理系统

17. 数据库管理系统不具备的功能为(　　　)。

　　A. 定义和描述数据结构的功能　　　　B. 对数据库系统进行操作的功能

　　C. 保证数据能准确地输入　　　　　　D. 保证数据库的安全性和完整性的功能

18. 下列数据模型中,数据独立性最高的是(　　　)。

　　A. 网状数据模型　　　　　　　　　　B. 层次数据模型

　　C. 关系数据模型　　　　　　　　　　D. 非关系数据模型

19. E-R 模型是数据库的设计工具之一,它一般适用于建立数据库的(　　　)。

　　A. 概念模型　　　　B. 逻辑模型　　　C. 内部模型　　　D. 外部模型

20. 数据库管理系统(DBMS)是(　　　)。

　　A. 数学软件　　　　　　　　　　　　B. 应用软件

　　C. 计算机辅助设计　　　　　　　　　D. 系统软件

21. 数据库系统的特点是(　　　)、数据独立、减少数据冗余、避免数据不一致和加强了数据保护。

　　A. 数据共享　　　　B. 数据存储　　　C. 数据应用　　　D. 数据保密

22. 数据库系统的数据独立性是指（　　）。

    A. 不会因为数据的变化而影响应用程序

    B. 不会因为系统数据存储结构与数据逻辑结构的变化而影响应用程序

    C. 不会因为存储策略的变化而影响存储结构

    D. 不会因为某些存储结构的变化而影响其他的存储结构

23. 数据库管理系统能实现对数据库中数据的查询、插入、修改和删除等操作,这种功能称为（　　）。

    A. 数据定义功能   B. 数据管理功能   C. 数据操作功能   D. 数据控制功能

24. 按所使用的数据模型来分,数据库可分为（　　）三种模型。

    A. 层次、关系和网状   B. 网状、环状和链状

    C. 大型、中型和小型   D. 独享、共享和分时

二、填空题

1. 与文件系统相比,数据库系统管理数据的特点是_____和_____。

2. 层次模型中,上一层记录类型和下一层记录类型的联系是_____。

3. DBMS 是位于_____和_____之间的一层数据管理软件。

4. 层次模型、网状模型和关系模型划分的原则是_____。

5. 组成 E-R 模型的三个要素:实体、_____、_____。

6. DBS 由四部分组成:人员、软件、硬件和_____。

7. DBS 中核心软件是_____,最重要的用户是_____。

三、问答题

1. 什么是数据和信息? 数据和信息之间的关系如何?

2. 简述数据库、数据库管理系统、数据库系统的基本概念,说明三者之间的关系。

3. 什么是数据模型? 数据模型分为哪三个层次,其关系如何?

4. 什么是 E-R 模型? E-R 模型的组成要素有哪些?

5. 简述关系模型的定义及关系模型的优缺点。

6. 结合自己所学专业,分析"空间数据库技术应用"课程在专业中的地位和作用。

项目二　关系数据库

[项目概述]

　　关系数据库是以关系模型为基础的数据库。目前,关系数据库是各类数据库中最重要、最流行的数据库。本项目主要介绍关系数据库的基础知识及关系数据库设计与建立的基本方法,包括三个学习任务:认识关系数据库、关系数据库设计、关系数据库建立。

[学习目标]

　　掌握关系数据库的基本概念,了解几种常用的关系数据库系统。理解什么是关系模式的规范化,掌握关系数据库设计的方法和步骤,能够独立利用 Access 创建关系数据库。

任务一　认识关系数据库

[任务概述]

　　关系数据库具有简单清晰的概念,易懂易学的数据库语言,用户不需要了解复杂的存取路径细节,不需要说明"怎么干",只需要指出"干什么",就能操纵数据库。关系数据库的创建和存取相对容易,且具有易扩充的重要优势。尽管数据库领域中存在多种组织数据的方式,但关系数据库仍是目前各类数据库中最成熟、效率最高、应用最广泛的数据库系统。

　　20 世纪 70 年代以后开发的数据库管理系统几乎都是基于关系模型的。目前主流的商用关系数据库系统软件主要有 Oracle、SQL Server、Microsoft Office Access 等,可适用于大、中、小型企业和部门。

一、Microsoft Office Access

(一)Microsoft Office Access 简介

　　Microsoft Office Access 是 Office 系列软件中专门用来管理数据库的应用软件,是在 Windows 操作系统下工作的关系型数据库管理系统。Access 被集成到 Office 中,具有 Office 系列软件的一般特点;与其他数据库管理系统相比,更加简单易学,对于没有程序语言基础的计算机用户,仍然可以快速掌握和使用它。

　　Microsoft Office Access 专为个人计算机应用小型数据库而开发,其功能足以应付一般的数据管理及处理需要,已在小型企业、公司部门等得到广泛应用。

　　1. Access 的用途

　　(1)进行数据分析:Access 具有强大的数据处理、统计分析能力,可以方便地进行各类汇总、平均等统计分析,并可灵活设置统计分析条件。例如,在统计分析数万条以上的记录数据时速度快且操作方便,这一点 Excel 无法与之相提并论。

　　(2)开发数据库管理系统软件:相比 Visual Basic(VB)、Visual C++(VC)等高级编程语言,Access 简单易学,可以用来开发如生产管理、销售管理、库存管理等各类小型数据库管理系统软件。

2．Access 数据库中的七大主要对象

（1）表：用于存储数据。

（2）查询：在具有对应关系的不同表中，给定条件查找符合条件的记录，并且可以对查询出的数据进行修改、删除等操作。

（3）窗体：应用程序界面，可以进行数据的显示、新建、修改、打印等输入输出操作。窗体中的不同控件可以执行特定的宏或 VBA 程序。

（4）报表：主要用于打印输出。

（5）页：一种特殊类型的网页，其主要用途是用来查询及处理来自网络的数据。

（6）宏：宏将某些一连串的动作自动化处理，而不需要另行编制程序语言去实现相同的功能。

（7）模块：系统开发者使用，利用 VBA 语言所编写的程序代码。

（二）Access 数据表的设计要素

1．字段类型和大小

字段类型是指在字段中存储数据的类型，字段大小是指字段中存储数据的字符个数或字节数。

（1）文本型。文本型字段可以存放字母、汉字、符号、数字等，如学号、姓名、单位、地址、电话等。文本型字段的主要属性为"字段大小"，长度一般为 1～255。Access 数据库采用了 Unicode 字符集，一个汉字、一个字母均为一个字符，占一个位置大小。

（2）数字型。数字型字段主要存放用于数学计算的数值数据。数字型字段又分为字节、整型、长整型、单精度型和双精度型等类型。

（3）日期/时间型。日期/时间型字段可以表示从 100～9999 年的日期和时间值，长度为 8 个字节。

（4）备注型。文本型字段最多存放 255 个字符，若字段属性内容超过 255 个字符，可以使用备注型数据类型。备注型字段最多可以存放 65 535 个字符，如"简历"字段就可以设定为备注型。

（5）OLE 对象。Access 数据库提供了 OLE 对象数据类型，用于支持如文档、图形、声音或其他二进制类型的数据。OLE 字段数据大小仅受可用磁盘空间限制。

（6）超链接。设定为超链接类型的字段存放数据的超链接地址，以文本形式存储。超链接地址指向对象、文档或网络页面等目标的路径，可以是网站地址，也可以是局域网中文件的地址，还可以包含更具体的地址信息，如 Word 书签或 Excel 单元格范围。在超链接字段中直接输入文本或数字，Access 数据库会把输入的内容作为超链接地址。

（7）货币型。货币型字段用于存放金额类数据。

（8）是/否型。是/否型字段用于存放逻辑型数据。

（9）自动编号型。新增记录时，该字段自动递增生成一个编号，用来标识字段值的唯一性。

（10）查阅向导型。允许在输入该类型字段数据时，可从多个选项中进行选择输入，以提高输入效率。

2．字段属性

每个字段都有自己的一组属性，这些属性说明了该字段在数据库中的性质。下面对几个常用属性进行说明。

（1）标题。标题是指当字段显示在数据表视图中该列的列名；一般是字段的名称。

（2）默认值。默认值是指当向表中插入新记录时，该字段的默认取值。设置默认值的目的是减少输入量，提高输入效率。

（3）有效性规则和有效性文本。有效性规则用于限定输入当前字段中的数据必须满足一定的条件，以保证数据的正确性；有效性文本是当输入的数据不满足有效性规则时系统提示的信息。表也有有效性规则，表的有效性规则可以对多个字段间的关系进行规则检验。

（4）必填字段。必填字段用于限制该字段是否必须输入一个值。通常，主键字段不允许为空值。

3．**主键和索引**

（1）主键。如果表中一个或多个字段的组合可以唯一地标识表中的每一条记录，则可将此字段或字段组合设置为表的主键。如学生表中的"学号"字段即可定义为主键。

（2）索引。当记录数量较大时，可以利用索引进行查找或排序，提高处理速度。若需要经常对某个字段进行查找和排序，则最好将此字段设置为索引字段。索引类型分为无、有（有重复）、有（无重复）三种。默认值为无，表示不创建索引；有（有重复）表示有索引，但允许字段值重复；有（无重复）表示有索引，但不允许字段值重复。设置字段为主键后，系统会自动为该主键字段创建索引，索引类型为无重复的唯一索引，也称为主索引。因此，对主键不应该重复设置索引。

二、SQL Server 数据库

SQL Server 是由微软公司开发的大型关系数据库系统。2000 年 12 月，微软发布了 SQL Server 2000，该软件可以运行于 Windows 系列操作系统上，是 SQL Server 发展史上的一个里程碑。目前，SQL Server 已成为应用最广泛的数据库产品之一。

SQL Server 以 Client/Server 为设计结构，支持多个不同的开发平台，支持企业级的应用程序，支持 XML 等，能够满足不同类型的数据库解决方案，极大地扩展了系统性能，可靠性高。特别是 SQL Server 的数据库搜索引擎，可以在绝大多数的操作系统上运行，并针对海量数据的查询进行了优化。

由于在使用 SQL Server 过程中，使用者除需要掌握软件的基本操作外，还要熟知 Windows 操作系统的运行机制，以及学习并熟练运用 SQL 语言等，所以对于初学者有一定难度。

三、Oracle 数据库

Oracle 是美国甲骨文（Oracle）公司于 1983 年推出的世界上第一个开放式商品化关系型数据库管理系统。Oracle 采用标准的结构化查询语言 SQL，支持多种数据类型，提供面向对象存储的数据支持，具有第四代语言开发工具，支持 Unix、Windows 等多种平台。

Oracle 具有完整、强大的数据库管理功能，在海量数据管理、数据保存的持久性、数据的共享性、数据的可靠性、并行处理、实时性、数据处理速度等方面都有优异的表现，是目前世界上使用最广泛的关系数据库系统。银行、金融、保险等大型企业均选择 Oracle 作为后台数据库，以满足处理海量数据的需求。

任务二　关系数据库设计

[任务概述]

　　数据库设计是关系数据库应用系统开发的核心和基础。数据库设计是指对于一个给定的应用环境,构造最优数据模式,建立数据库及应用系统,确定有效存储数据,以满足用户的信息存储和处理要求。按规范设计法可将数据库设计分为六个阶段,主要包括需求分析、概念模型设计、逻辑模型设计、物理模型设计、数据库实现、系统运行与维护。

一、关系模式的规范化

　　关系数据库的设计归根到底是如何构造关系,即如何把具体的客观事物划分为几个关系,而每个关系又由哪些属性组成,构造"好的""合适"的关系模式,而关系模式并非随意建立,必须满足一定的规范,才能使关系模式设计合理,达到减少冗余、提高查询效率的目的。

(一)范式

　　范式(normal form,NF)即规范化的关系模式,为了消除冗余和潜在的更新异常,关系数据库的规范化理论为关系模式确定了多种范式。

　　从 1971 年起,科德(E. F. Codd)相继提出了第一范式(1NF)、第二范式(2NF)、第三范式(3NF),科德与博伊斯(Boyce)合作提出了 Boyce-Codd 范式(BCNF)。在 1976—1978 年间,费金(Fagin)、德洛贝(Delobe)及扎尼奥洛(Zaniolo)又定义了第四范式(4NF)。到目前为止,已经提出了第五范式(5NF)。

　　不同范式的规范化程度不同,每种范式都规定了一些限制约束条件。满足最基本规范化的关系模式叫第一范式,第一范式的关系模式再满足另一些约束条件就产生了第二范式、第三范式、Boyce-Codd 范式等。范式的级别越高,其数据冗余和操作异常现象就越少。范式之间的关系可以表示为:1NF⊇2NF⊇3NF⊇BCNF⊇4NF⊇5NF。

　　在设计关系数据库时,应该力求满足 1NF、2NF、3NF 的内容:

　　(1)1NF。要求关系表中的每一个数据项必须是不可再分的。

　　(2)2NF。在满足 1NF 的关系表中,要求所有的非主属性都完全函数依赖于主键。

　　(3)3NF。对于满足 2NF 的关系表,要求每一个非主属性都不传递依赖于主键(传递依赖是指某些数据项间接依赖于主键)。

　　在设计关系数据库时,关系表仅满足 1NF 的条件是不够的,尤其在增加、删除、修改时,往往会出现更新异常,这是由关系中各属性之间的相互依赖性和独立性造成的。为消除这些异常,需要对关系模式进行分解,通过分解把属于低级范式的关系模式转换为几个属于高级范式的关系模式的集合,使关系的语义单纯化,确保所有的关系表都满足 2NF,力求绝大多数关系表满足 3NF,以达到数据库设计规范化的要求。

(二)数据库规范化设计要求

　　在进行关系数据库设计时,构造的关系必须经过规范化处理,否则可能会导致数据冗余、数据更新不一致、数据插入异常和删除异常等问题。下面是数据库规范化设计的几点要求。

　　1. 元组的每个分量必须是不可分的数据项

　　关系数据库特别强调,关系中的属性不能是组合属性,必须是基本项,并把这一要求规定为鉴别表格是否为"关系"的标准。若表格结构的数据项都是基本项,则该表格即为一个关系,它服从关系模式的 1NF,并可在此基础上进一步规范化;若表格结构中含有组合项,则该表格不是一个关系,必须将其转换为基本数据项后才能将其定义为一个关系。

2. 数据库中的数据冗余应尽可能少

数据冗余是指数据库中重复的数据过多。数据冗余会使数据库中的数据量剧增,系统负担过重,进而浪费大量的存储空间。对于数据冗余大的关系数据库,当执行数据修改时,这些冗余数据极可能出现有些被修改,而有些没有被修改的情况,从而造成数据不一致。数据不一致影响了数据的完整性,造成数据查询和统计的困难并导致错误结果,使数据库中数据的可信度降低。

尽管关系数据库是根据外键来建立关系表之间的连接运算的,但外键数据是关系数据库不可消除的"数据冗余"。在设计数据库时,应千方百计将数据冗余控制在最小范围内,不必要的数据冗余应坚决消除。

3. 当执行数据插入操作时,数据库中的数据不能产生插入异常现象

插入异常是指插入的信息由于不能满足数据完整性的要求,而不能被正常地插入到数据库中所出现的异常问题。

出现插入异常的主要原因是在数据库设计时没有按照"一事一表"的原则进行。由于多种信息混合放在一个表中,就容易因信息之间的相互依附关系而不能独立地插入数据。

4. 数据库中的数据不能在执行删除操作时产生删除异常问题

删除异常是指在删除某种信息的同时把其他信息也删除了。与插入异常一样,如果关系中多种信息捆绑在一起,当被删除信息中含有关系的主属性时,由于关系要满足实体完整性,因此会造成整个元组都会被删除,从而出现删除异常。

5. 数据库设计应考虑查询要求,数据组织应合理

在数据库设计时,不仅要考虑数据自身的结构完整性,还要考虑数据的使用要求。为了使数据查询和数据处理简洁高效,特别是对那些查询实时性要求高、操作频度大的数据,有必要通过视图、索引和适当增加数据冗余的方法,来增加数据库的方便性和可用性。

二、关系数据库设计

关系数据库的设计可以采用软件工程中的"生命周期法"来进行。按设计要求以需求分析为基础,并考虑数据库的应用,一个完整的数据库设计过程可以分为六个阶段:需求分析、概念模型设计、逻辑模型设计、物理模型设计、数据库实现、数据库运行与维护,如图 2-1 所示。

(一)需求分析

需求分析是整个数据库设计的基础,主要收集数据库设计过程中所涉及的用户信息内容和处理要求,并加以规范化和分析。需求分析是最费时、最复杂的一个阶段,但也是最重要的一个阶段,它决定了以后各阶段设计的速度与质量。需求分析做得不好,可能会导致整个数据库设计返工重做。在分析用户需求时,要确保用户目标的一致性。需求分析结果常用数据流程图和数据字典描述。

由于本书涉及关系数据库和空间数据库两方面内容,并以空间数据库为主,因此有关需求分析的主要内容参见项目五任务二,本节只起到抛砖引玉作用。

1. 数据流程图

数据流程图是从数据传递和加工的角度,以图形的方式刻画数据从输入到输出的移动变换过程,是表示系统逻辑模型的一种重要工具。在数据流程图中,用箭头表示输入输出方向,用椭圆、矩形、菱形等形状表示过程。

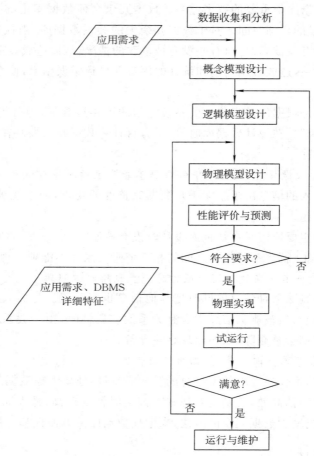

图 2-1　数据库设计的内容及流程

2. 数据字典

数据字典的作用是对数据流程图中的各种成分进行详细说明,是各类数据结构和属性的清单,它与数据流程图互为注释,与数据流程图一起构成完整的系统需求模型。数据字典一般应包括对数据项、数据结构、数据存储和数据处理的说明。数据字典贯穿于数据库设计的全过程,在不同的阶段其内容和用途存在区别。

下面以高校学生选课数据库系统设计为例,说明需求分析、数据流程图及数据字典的应用。首先在高校进行调研,调研对象涵盖教师、学生、系统管理员等,具体需求如下:

(1)学生,能进行选课,查看管理员发布的选课信息、自己的选课情况、个人信息、课程成绩等。

(2)教师,能查看个人信息、所授课程班级所有学生的成绩,能进行编辑修改。

(3)系统管理员,发布选课信息、对学生选课情况进行管理、对授课教师信息进行管理。

高校学生选课数据库系统顶层数据流程如图 2-2 所示。

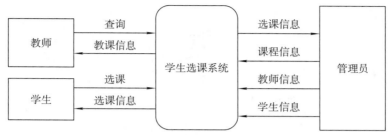

图 2-2 高校学生选课数据库系统顶层数据流程

（二）概念模型设计

概念模型设计是整个数据库设计的关键，通过对用户需求进行综合、归纳与抽象，把用户的信息要求统一到一个整体的模型中。这个抽象的信息系统模型被称为概念数据模型，它独立于任何 DBMS 的软硬件。

概念模型设计的方法有多种，常用的建模工具有 E-R 模型和统一建模语言（unified modeling language，UML），本书主要介绍利用 E-R 模型进行高校学生选课数据库系统的概念模型设计，有关 E-R 模型的详细介绍参见本书项目一。

根据高校学生选课数据库系统的需求分析结果，确定学生、教师、课程等实体及其属性，并绘制局部 E-R 图和全局 E-R 图，如图 2-3～图 2-6 所示。实体之间具有以下关系：①一名学生能够选修多门课程，一门课程也可以被多名学生选修；②一位教师能够教授多门课程，一门课程也可以被多位教师教授；③管理员一定是教师。

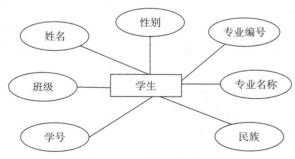

图 2-3 学生实体局部 E-R 图

图 2-4 课程实体局部 E-R 图

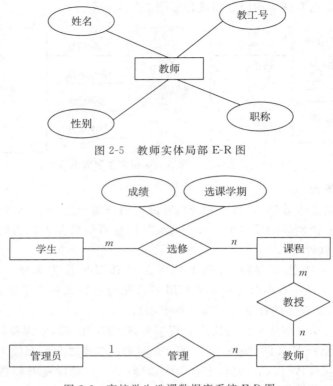

图 2-5　教师实体局部 E-R 图

图 2-6　高校学生选课数据库系统 E-R 图

(三)逻辑模型设计

逻辑模型设计的主要任务是将全局概念模型转化为某个具体 DBMS 所支持的数据模型，并根据逻辑模型设计准则、数据的语义约束、规范化理论等对数据模型的结构进行适当的调整和优化，形成合理的全局逻辑模型，并设计出用户子模式。例如，DBMS 采用的是关系数据模型，那么逻辑模型设计阶段的主要工作将是建立关系模式。

逻辑模型设计的步骤：①将概念模型转化为一般的数据模型；②将一般的数据模型向特定的 DBMS 所支持的数据模型转换；③对数据模型进行优化，产生全局逻辑模型，并设计出外部模式。如图 2-7 所示。

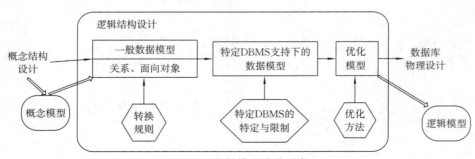

图 2-7　逻辑模型设计示意

(四)物理模型设计

物理模型设计的主要任务是为已经确定的逻辑模型选取一个最适合应用环境的物理模

型。包括确定数据库在物理设备上的存储结构,选择存取方法,设计索引和入口,并进行有关安全性、完整性、一致性的设计和应用设计。这个阶段的工作与具体的 DBMS 密切相关。

物理模型设计的主要步骤:存储格式设计→存储方法设计→访问方法设计→完整性、安全性设计→应用设计→评价物理设计。

物理模型设计的结果:物理设计说明书,说明书中包括存储格式、存储位置、访问方法、交互界面和输入输出格式说明等。

（五）数据库实现

数据库实现是根据逻辑模型设计和物理模型设计的结果,在计算机上建立数据库并完成应用开发,装入数据,进行测试和试运行。另外,还要借助 DBMS 提供的手段进行故障恢复方案设计。数据库实现阶段有两项重要工作:数据的载入和应用程序的编码调试。

数据库实现的主要步骤:定义数据库结构→数据装载→编制、调试应用程序→数据库试运行。

（六）系统运行与维护

系统运行与维护阶段的主要工作有进行数据库的转储和恢复、控制数据库的安全性和完整性、监测并改善数据库的性能等。如有需要,进行数据库的重组和重构,扩充数据库的功能,改正运行时发现的错误。

数据库维护工作又分为日常维护、定期维护和故障维护几种。

系统运行与维护是数据库开发的最后一个阶段,这一阶段结束后,应交付给用户所开发的软件系统及其技术文档。技术文档包括系统说明书、技术说明书和使用说明书等。

任务三　关系数据库建立

[任务概述]

关系数据库的建立要依据数据库设计成果进行,本任务以 Access 为平台,介绍关系数据库建立的方法和步骤。

（1）需求分析。明确数据库的目的,收集数据库所有用户的信息内容和处理要求,并加以规范化和分析,确定用户希望得到什么样的数据和处理功能,即利用数据库做哪些管理,有哪些需求和功能,然后再决定如何在数据库中组织信息以节约资源,怎样利用有限的资源以发挥最大的效用。

（2）确定数据表。明确了数据库的目的之后,可以将信息分成各个独立的主题,每一个主题都可以是数据库中的一个表。

（3）创建表结构。根据需求分析结果,确定各个表的属性字段及字段类型和主关键字等信息。

（4）确定表间关系。分析所有表,确定表之间的数据关系。必要时,可在表中加入字段或创建新表来明确关系。

（5）装入数据。将实例数据装入数据库并进行测试分析,根据测试分析结果评价数据库是否符合用户需求,如有必要可以返回设计阶段调整设计方案。

（6）系统运行与维护。数据库的开发完成后,在使用过程中还需要不断进行系统测试和完善,发现问题及时改进。

一、建立数据库

关系数据库是一个数据仓库，为了避免数据冗余，该数据仓库又分成了多个较小的数据表，这些数据表之间通过一些共同的信息（字段）关联在一起。例如，学生选课数据库中，含有学生信息表、课程表、教师信息表、专业信息表、学生选课表等；学生选课表包含与学生信息表关联的学生学号及与课程表关联的课程编号；如果课程的基本信息发生了变化，则只需要在课程表中修改即可，不必在涉及课程信息的各个表中进行重复修改。

Access 提供了两种建立数据库的方法，用户可以根据需要选择。

（一）使用模板建立数据库

为方便用户使用，Access 提供了种类繁多的模板，使用这些模板可以快速创建数据库。模板是随时可用的数据库，其中包含执行某种任务时所需要的所有表、查询、窗体和报表等。这些模板不一定符合用户的实际需求，但在向导的帮助下，对这些模板稍加修改，即可建立一个新的数据库。主要步骤如下：

（1）在文件选项卡上，点击【新建】。

（2）在可用模板下，选择自己需要的模板。

（3）点击【文件名】框边的文件夹图标，选择要创建数据库的位置。如果未指明特定位置，将在默认位置创建数据库。

（4）点击【创建】按钮，Access 将创建数据库，并将其打开以备后用。

（二）建立空白数据库

如果模板不能满足用户的需要，则可以选择创建空白数据库，向数据库中添加表、查询、窗体、报表，以及数据访问等对象，这是创建数据库最灵活的方法。选择这种方法创建数据库时，必须设计数据库中的每个对象，如数据库包含哪些表、表的具体结构、表与表之间的关系等。主要步骤如下：

（1）启动 Access。

（2）新建数据库。在新建选项卡上选择【空白数据库】或【空白 Web 数据库】。选择【空白数据库】即建立空白桌面数据库，如果需要网络发布则应选择【空白 Web 数据库】。桌面数据库不能发布到 Web，而 Web 数据库也不支持某些桌面数据库的功能。

在【文件名】框中，输入新建数据库的名字，如"学生选课数据库"。如要更改数据库的位置，可以点击【浏览】按钮，并重新确定存储路径。新建空白数据库，如图 2-8 所示。

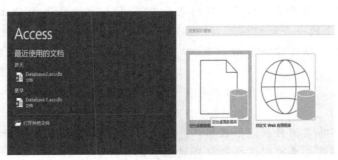

图 2-8　新建空白数据库

二、创建数据表

数据表是数据库系统中实体信息的集合,它记录数据库中的全部数据内容,是 Access 数据库中最基本的对象。Access 数据库中的其他对象,如查询、窗体、报表、宏、模块、Web 页等都是在数据表的基础上建立的,数据表是 Access 提供的用于对数据库进行维护的工具。因此,创建数据库后,首先要建立数据表,并建立表间关联,然后再逐步创建其他的 Access 对象,最终形成完整的数据库。

设计和建立一个 Access 数据库的关键即是数据表的设计和创建。在一个 Access 数据库中至少包含一个以上的表。

(一)设计表结构

在 Access 中,表的每一列称为一个字段(属性),每列的标题称为该字段的字段名称,列标题下的数据称为字段值,同一列只能存放类型相同的数据。除标题外,表中的每一行称为一条记录。表由表结构和表记录两部分组成。一般,创建一个表时,要先定义表结构,再录入记录内容。表结构是由字段名称、字段类型与字段属性等组成的。

一个好的数据表,应该做到以下几点:

(1)字段唯一性,即表中的每个字段只能含有唯一类型的数据信息。在同一字段内不能存放两类信息。

(2)记录唯一性,即表中没有完全相同的两条记录。要保证记录的唯一性,就必须建立主关键字。

(3)功能相关性,即在数据库中,任意一个数据表都应该有一个主关键字段,该字段与表中记录的各实体相对应。

(4)字段无关性,即在不影响其他字段的情况下,必须能够对任意字段进行修改(非主关键字段)。所有非主关键字段都依赖于主关键字段,这一规则说明了非主关键字段之间的关系是相互独立的。

(二)建立数据表

Access 数据库提供了多种建立数据表的方法,用户可以根据自己的实际需要选择。本任务主要介绍使用数据表视图创建数据表和在设计视图中创建数据表的方法。

1. 使用数据表视图创建数据表

数据表视图是按照行和列来显示表中数据的视图。在数据表视图中,可以直接输入数据并使用 Access 在后台生成表结构。字段名以编号形式制定(字段 1、字段 2 等),并且 Access 会根据输入的数据类型来设置字段的数据类型。

例如,要建立"课程"表,结构如表 2-1 所示。

表 2-1 "课程"表结构

字段名称	字段类型	字段大小	是否主键
课程号	文本	9	是
课程名	文本	20	
总学分	文本	2	
总学时	文本	2	
课程性质	文本	20	
考核方式	文本	20	

具体操作步骤如下：

（1）打开已建立的"学生选课数据库"，在【创建】选项卡的【表格】组中，点击【表】命令，在数据库中插入一个名为"课程"的新表，同时在数据库中打开该表。

（2）点击【表格工具】→【字段】选项卡，在【添加和删除】组中点击【其他字段】右侧的下拉按钮，弹出要建立的数据类型，然后根据需要从【数据类型】列表中选择数据类型。

（3）选择【文本】字段类型，输入"课程号"，然后回车，根据表 2-1 的具体要求，按照上述方法依次建立"课程名""总学分""总学时""课程性质""考核方式"等字段。

（4）所有字段定义完成后，在【文件】选项卡上点击【保存】，完成"课程"表的建立。

2. 在设计视图中创建数据表

在设计视图中，首先按照提前设计好的表结构及数据类型创建表，然后切换到数据视图中浏览表结构并输入数据。推荐使用该方法创建表。

例如，要建立"学生信息"表，结构如表 2-2 所示。

表 2-2 "学生信息"表结构

字段名称	字段类型	字段大小	是否主键
学号	文本	11	是
姓名	文本	8	
性别	文本	2	
班级	文本	12	

具体操作步骤如下：

（1）打开已建立的数据库，在【创建】选项卡的【表格】组中，点击【表设计】命令。

（2）根据"学生信息"表结构在【字段名称】列依次输入各字段名称，并定义字段类型和其他属性信息。

（3）右击【学号】字段，在弹出的快捷菜单中将其定义为"主键"。

（4）保存"学生信息"表。

（5）切换到数据视图，浏览表结构并输入数据。

除了上述两种方法外，还可以使用模板创建数据表和使用其他文件创建数据表。Access支持将其他已经存在的文件，如文本文件、EXCEL 文件、XML 文件、SQL Server 数据库文件等，导入当前数据库中，成为数据表。

三、修改表结构

在数据库的实际应用中，表创建好后，可能会因为各种原因需要对表结构做出相应的修改，如添加、删除、修改、移动字段等。

（一）添加字段

在表中添加一个新的字段，对原表中的字段和数据不会产生影响，但是建立在该表基础上的其他对象，如查询、窗体或报表等不会自动添加，需要手工添加。

例如，在"学生信息表"的"性别"和"班级"字段之间新增"出生日期"字段。

具体操作步骤如下：

（1）打开"学生信息表"，在【视图】选项卡下选择【设计视图】。

（2）选择【班级】字段，点击右键，在弹出的快捷菜单中，选择【插入行】，或者在【表格工具】

设计选项卡下直接点击【插入行】工具，在"班级"字段前增加一个空白行。

（3）在字段名称中输入"出生日期"，选择字段类型为【日期/时间】型。

（4）保存结果并切换到数据视图，可以看到在"学生信息表"中新增了一个【出生日期】字段。

（二）删除字段

删除字段操作是把数据表中的字段及其数据全部删除，该操作要慎重。删除字段与添加字段一样有两种方式：一种是可以在设计视图中操作，另一种是在数据视图下操作。例如，在数据视图中，把鼠标放到要删除的字段上，点击右键，在弹出的快捷菜单中选择【删除字段】；或者在【表格工具】字段选项卡下直接点击【删除】，删除该字段及该字段上的所有数据。

（三）修改字段

修改字段主要包括对字段名称、字段类型和字段属性的修改。修改字段的具体操作与创建字段时一样，在设计视图中进行。

（四）移动字段

有时，需要在表中调整各字段的位置，称为移动字段。移动字段可以在设计视图中进行，将鼠标放到要移动的字段的左侧字段选项块上，点击左键拖动至要移动的位置松开，这时字段即被移动到新的位置上了；也可以在数据视图中进行，将鼠标放到要移动的字段上，点击左键拖动至要移动的位置放开即可。

四、建立表间关联

为了更好地管理、使用和维护数据库，最大限度地实现数据共享，需要建立数据表之间的关联。建立表间关联是指在两个表之间通过同名字段（具有相同的字段名称、字段类型、字段属性，且该字段在每个表中都要建立索引）建立联系，其中一个为主表，另一个为子表。

数据表之间的关系分为一对一、一对多和多对多关系。现有的数据库管理系统不支持多对多关系，必须转化为两个一对多关系。

（一）定义主键和索引

在建立表间关联之前，必须先确定各数据表的主键，并建立必要的索引字段。例如，在"学生信息表"中，将"学号"定义为主键，是单字段主键；而在"学生选课表"中，将"学号"和"课程号"的组合定义为主键，是多字段主键，如图 2-9 所示。为"学生信息表"建立两个索引字段："学号"和"姓名"，如图 2-10 所示，方便查询学生的选课情况。

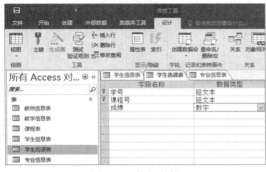

图 2-9　定义主键

图 2-10　定义索引

（二）建立表间关联

当表间关联建立完毕,若某个表中的数据发生了变动,则会动态地反映到相关联的表中。一个表可以和多个表相关联。以"学生选课数据库系统"为例,在 Access 中建立的表间关联如图 2-11 所示。

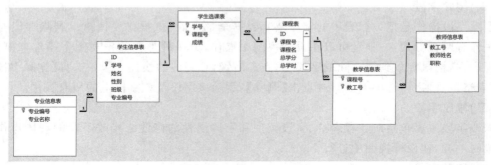

图 2-11　"学生选课数据库系统"表间关联

实验案例　学生选课数据库系统

本实验案例根据高校学生选课管理的需要,进行需求分析,设计和建立学生选课数据库系统,载入实验数据,并对建立的数据库运行测试。

一、需求分析

设计人员经过前期的充分调研,总结出如下的需求信息:

（1）录入和存储数据。在学生选课数据库系统中,凡是与系统应用相关的信息,如开设新课程、增加新专业、增加新教师和新学生、评定成绩等都需要入库并保存。根据用户需求,确定以下数据表:学生信息表、学生选课表、课程表、教学信息表、教师信息表、专业信息表。

（2）修改和更新数据。当数据库中的数据录入错误或信息发生变化时,用户能够进行数据修改和更新,以保证数据的正确性和现势性。

（3）实现信息查询。用户可以实时进行学生的选课情况查询、教师授课情况查询、成绩查询、课程查询等。

根据需求分析,确定学生选课数据库系统中各个数据表的关系模式如下:

学生信息表(学号,姓名,性别,班级)

学生选课表(学号,课程号,成绩)

课程表(课程号,课程名,总学分,总学时,课程性质,考核方式)

教学信息表(课程号,教工号)

教师信息表(教工号,教师姓名,性别,职称)

专业信息表(专业编号,专业名称)

二、创建数据库

创建"学生选课数据库系统",具体步骤如下:

（1）启动数据库 Access。

（2）在新建选项卡上选择【空白数据库】，建立空白桌面数据库。

（3）选择数据库的存储路径为"F:\wsm\"，文件名为"学生选课系统数据库.accdb"，如图 2-12 所示。

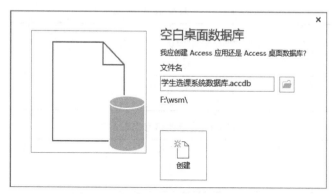

图 2-12　创建"学生选课系统数据库"

（4）点击【创建】按钮，"学生选课系统数据库"创建成功。

三、创建数据表

（一）定义表结构

首先将需求分析中确定的关系模式转换为关系表，定义表结构，如表 2-3～表 2-8 所示。

表 2-3　"学生信息"表结构

字段名称	数据类型	字段大小	是/否主键	是/否索引字段
学号	文本	11	是	是
姓名	文本	8		
性别	文本	2		
班级	文本	12		

表 2-4　"学生选课"表结构

字段名称	数据类型	字段大小	是/否主键	有效性规则	是/否索引字段
学号	文本	11	是		是
课程号	文本	9	是		是
成绩	数字（单精度）	2		0～100 之间的值	

表 2-5　"课程"表结构

字段名称	数据类型	字段大小	是/否主键	是/否索引字段
课程号	文本	9	是	是
课程名	文本	20		
总学分	文本	2		
总学时	文本	2		
课程性质	文本	20		
考核方式	文本	20		

表 2-6　"教学信息"表结构

字段名称	数据类型	字段大小	是/否主键	是/否索引字段
教工号	文本	11	是	是
课程号	文本	9	是	

表 2-7　"教师信息"表结构

字段名称	数据类型	字段大小	是/否主键	是/否索引字段
教工号	文本	11	是	是
教师姓名	文本	8		
性别	文本	2		
职称	文本	10		

表 2-8　"专业信息"表结构

字段名称	数据类型	字段大小	是/否主键	是/否索引字段
专业编号	文本	5	是	是
专业名称	文本	20		

（二）建立数据表

　　根据上述表结构，在表设计视图中依次新建数据表。需要注意一些字段属性的设置，如成绩必须是 0～100 之间的值，则在定义"成绩"字段的有效性规则时，设置为"＞0 And ＜＝100"，如图 2-13 所示。

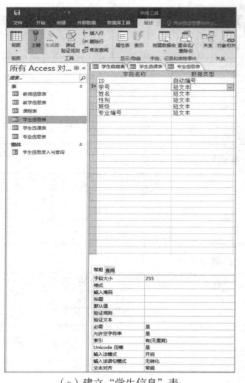

（a）建立"学生信息"表　　　　　（b）建立"学生选课"表

图 2-13　建立数据表

（三）定义主键和索引

数据表创建完毕后，还需要定义各个表的主键和索引，以实现系统查询、排序等功能。

四、建立表间关联

建立表间关联，实质是确定数据表之间的关系。建立上述六个数据表之间的关联关系，具体操作步骤如下：

（1）打开"学生选课数据库系统"，确保要参与建立关联的数据表处于关闭状态。

（2）选择【数据库工具】选项卡下【关系】组中的【关系】命令，打开关系窗口。

（3）打开【显示表】对话框，显示数据库中所有的数据表，如图 2-14 所示。

图 2-14　显示表

（4）建立"学生信息表"和"学生选课表"之间的关系。打开【关系工具】→【设计】→【编辑关系】命令，选择【新建】关系，如图 2-15 所示。在图 2-15 中的【表/查询】中选择【学生信息表】的【学号】字段，在【相关表/查询】中选择【学生选课表】的【学号】字段，选择【关系类型】，并在对话框中勾选【实施参照完整性】、【级联更新相关字段】和【级联删除相关记录】复选框，其中【级联更新相关字段】和【级联删除相关记录】选项表示当某个表中的字段或记录内容发生了变化，则相关联表中对应的字段和记录内容也会动态地随之变化，点击【确定】，这样"学生信息表"和"学生选课表"之间的关联即建立完毕。

图 2-15　"学生信息表"和"学生选课表"表间关系

按照以上方法，依次建立"专业信息表"和"学生信息表"、"课程表"和"学生选课表"、"课程表"和"教学信息表"、"教师信息表"和"教学信息表"之间的关联关系，如图 2-16～图 2-19 所示。

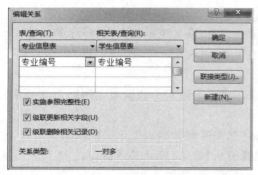

图 2-16　"专业信息表"和"学生信息表"表间关系

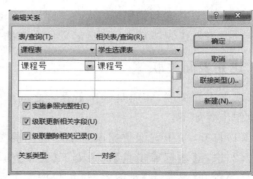

图 2-17　"课程表"和"学生选课表"表间关系

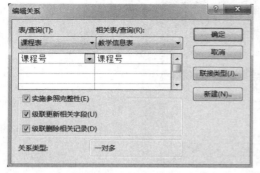

图 2-18　"课程表"和"教学信息表"表间关系

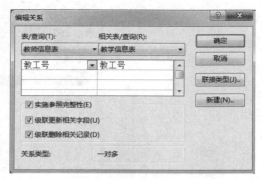

图 2-19　"教师信息表"和"教学信息表"表间关系

（5）经过以上步骤，"学生选课数据库系统"中六个数据表之间的表间关系即创建完毕。

五、装入数据

上述各表的实验数据如表 2-9～表 2-14 所示，将表中数据输入或导入数据库的相应表中。

表 2-9　学生信息表

学号	姓名	性别	班级	专业编号
20161020601	冯时奇	男	地籍 1601	52305
20161020602	郭婉茹	女	地籍 1601	52305
20161020703	韩志凯	男	摄影 1601	52302
20161020704	黄仪博	男	摄影 1601	52302
20161020030	张咪	女	地信 1601	52304
20161020031	李阳	男	地信 1601	52304

表 2-10　课程表

课程号	课程名	总学分	总学时	课程性质	考核方式
52030101B	测绘 CAD	4	52	专业基本技能课程	考试
52030102B	地形测量	3	48	专业基本技能课程	考试
15010101A	高等数学 1	5	81	职业核心能力课程	考试
12010101A	英语	7	100	职业核心能力课程	考试
52030405C	空间数据库技术应用	3	40	专业核心能力课程	考试
52030402C	普通地图编制	3	40	专业核心能力课程	考试
52030401C	地理信息系统应用	3	40	专业核心能力课程	考试

续表

课程号	课程名	总学分	总学时	课程性质	考核方式
52030403C	ArcGIS 软件应用	3	36	专业核心能力课程	考试
52030404C	数字摄影测量	3	40	专业核心能力课程	考试
52030406C	遥感制图	3	40	专业核心能力课程	考试
52030407C	工程测量	3	40	专业核心能力课程	考试

表 2-11 学生选课信息表

学号	课程号	成绩
20161020030	52030402C	96
20161020030	52030405C	94
20161020031	52030402C	78
20161020031	52030405C	84
20161020601	12010101A	90
20161020601	15010101A	85
20161020602	12010101A	96
20161020602	15010101A	75
20161020703	12010101A	78

表 2-12 教师信息表

教工号	教师姓名	职称
1992800154	彭浩然	副教授
1994800123	赵亚坤	教授
1996800128	王丽琴	副教授
1996800234	罗维	副教授
2004800241	刘毅	讲师
2004800324	李广辉	教授
2005800123	马凯丽	讲师
2006800335	刘雨婷	讲师
2006800338	李永华	讲师
2007800332	王美丽	讲师

表 2-13 教学信息表

课程号	教工号
12010101A	1996800128
15010101A	2004800324
52030101B	2007800332
52030102B	2006800335
52030401C	2004800241
52030402C	2005800123
52030403C	1996800234
52030404C	1994800123
52030405C	1992800154
52030406C	2006800338
52030407C	1992800154
52030408C	2006800338

表 2-14　专业信息表

专业编号	专业名称
52301	工程测量技术
52302	摄影测量与遥感技术
52303	测绘工程技术
52304	测绘地理信息技术
52305	地籍测绘与土地管理

六、系统运行与维护

　　学生选课数据库系统建成后,即进入系统运行与维护阶段。在数据库运行和使用过程中若发现问题要及时改进,不断完善数据库功能,并定期更新数据库内容。此外,在数据库系统正式投入使用前,还需要进行前台界面开发,本书不做重点介绍。

职业能力训练

[训练一]

　　图书借阅管理数据库系统需求分析。

　　实训目的:熟悉数据库需求分析的过程与方法。

　　实训内容:

　　1. 根据对图书借阅管理数据库系统的需求分析结果,设计 E-R 图。

　　2. 根据 E-R 图,设计合理的关系表。

[训练二]

　　创建图书借阅管理数据库和关系表。

　　实训目的:熟悉利用 Access 创建数据库和关系表的步骤与方法。

　　实训内容:基于[训练一]中设计的图书借阅管理数据库,利用 Access 创建数据库和各个关系表,并定义表间关联。

练 习 题

一、单项选择题

1. 现有一个关系:借阅(书号,书名,库存数,读者号,借阅日期,还书日期),假如同一本书允许一个读者多次借阅,但不能同时对同一种书借多本,则该关系模式的码是(　　)。

    A. 书号　　　　　　　　　　　　　　　B. 读者号

    C. 书号＋读者号　　　　　　　　　　　D. 书号＋读者号＋借阅日期

2. 关系删除操作异常是指(　　)。

    A. 应该删除的数据未被删除　　　　　　B. 不该删除的数据未被删除

    C. 不该删除的数据被删除　　　　　　　D. 应该删除的数据被删除

3. 组成候选关键字的属性称为（　　）。

    A. 非主属性　　　　　B. 主属性　　　　　　C. 组合属性　　　　　D. 关键属性

4. 设计数据库时,应该首先设计数据库的（　　）。

    A. 应用系统机构　　　B. 概念结构　　　　　C. 逻辑结构　　　　　D. 物理结构

5. 全局 E-R 模型的设计,需要消除属性冲突、命名冲突和（　　）。

    A. 结构冲突　　　　　B. 联系冲突　　　　　C. 类型冲突　　　　　D. 实体冲突

6. 下列不属于数据库逻辑设计阶段考虑的问题是（　　）。

    A. DBMS 特性　　　　B. 概念模型　　　　　C. 处理要求　　　　　D. 数据存取方法

7. 下列叙述中不正确的是（　　）。

    A. 如果完善对数据库系统的设计,故障是可以避免的。

    B. 恢复子系统应成为数据库系统的一个重要组成部分。

    C. 介质故障发生的可能性很小,但是破坏性很大。

    D. 应把计算机病毒看成一种人为的故障。

8. 数据库的安全性是指保护数据库,以防止不合法的使用而造成数据泄露、更改或破坏。下列措施中,（　　）不属于实现安全性的措施。

    A. 数据备份　　　　　　　　　　　　　B. 授权规则

    C. 数据加密　　　　　　　　　　　　　D. 用户标识和鉴别

9. 关系数据库管理系统与网状数据库系统相比（　　）。

    A. 前者运行效率较高　　　　　　　　　B. 前者的数据模型更为简洁

    C. 前者比后者产生得较早一些　　　　　D. 前者的数据操作语言是过程性语言

10. ORDBS 的含义是（　　）。

    A. 面向对象数据库系统　　　　　　　　B. 数据库管理系统

    C. 对象-关系数据库系统　　　　　　　D. 对象-关系数据库

11. 在数据库设计中用关系模型表示实体和实体之间的联系。关系模型的结构是（　　）。

    A. 层次结构　　　　　B. 二维表结构　　　　C. 网状结构　　　　　D. 封装结构

12. 实体完整性要求主属性不能取空值,这一点可以通过（　　）保证。

    A. 定义外键　　　　　　　　　　　　　B. 定义主键

    C. 用户定义的完整性　　　　　　　　　D. 关系系统自动

13. 数据库中只存放视图的（　　）。

    A. 操作　　　　　　　B. 对应的数据　　　　C. 定义　　　　　　　D. 限制

14. 规范化过程主要为克服数据库逻辑结构中的插入异常,删除异常及（　　）的缺陷。

    A. 数据不一致性　　　B. 结构不合理　　　　C. 冗余度大　　　　　D. 数据丢失

15. 在关系模式中,如果属性 A 和 B 存在 1 对 1 的联系,则（　　）。

    A. A→B　　　　　　　B. B→A　　　　　　　C. A↔B　　　　　　　D. 以上都不是

16. 候选码中的属性称为（　　）。

    A. 非主属性　　　　　B. 主属性　　　　　　C. 复合属性　　　　　D. 关键属性

17. 以下关于关系数据库中"型"和"值"的描述,正确的是（　　）。

    A. 关系模式是值,关系是型　　　　　　B. 关系模式是型,关系的逻辑表达是值

    C. 关系模式是型,关系是值　　　　　　D. 关系模式的逻辑表达是型,关系是值

18. 关系模式中的主关键字（　　　）。
　　A. 有且仅有一个　　　　　　　　　　B. 必然有多个
　　C. 可以有一个或多个　　　　　　　　D. 以上都不对
19. 对数据库的物理设计优劣评价的重点是（　　　）。
　　A. 时间和空间效率　　　　　　　　　B. 动态和静态性能
　　C. 用户界面的友好性　　　　　　　　D. 成本和效益
20. E-R 图中的主要元素是实体型、属性和（　　　）。
　　A. 记录型　　　　　B. 节点　　　　　C. 联系　　　　　D. 有向边
21. 关系数据模型（　　　）。
　　A. 只能表示实体间的 1∶1 联系　　　B. 只能表示实体间的 1∶n 联系
　　C. 只能表示实体间的 m∶n 联系　　D. 可以表示实体间的上述三种联系
22. 数据库概念设计 E-R 方法中，用属性描述实体的特征，实体集在 E-R 图中，用（　　　）表示。
　　A. 矩形　　　　　B. 四边形　　　　　C. 菱形　　　　　D. 椭圆形
23. 层次型、网状型和关系型数据库划分原则是（　　　）。
　　A. 记录长度　　　　　　　　　　　　B. 文件的大小
　　C. 联系的复杂程度　　　　　　　　　D. 数据之间的联系
24. 按照传统的数据模型分类，数据库系统可以分为（　　　）三种类型。
　　A. 大型、中型和小型　　　　　　　　B. 西文、中文和兼容
　　C. 层次、网状和关系　　　　　　　　D. 数据、图形和多媒体
25. 一个关系数据库文件中的各条记录（　　　）。
　　A. 前后顺序不能任意颠倒，一定要按照输入的顺序排列
　　B. 前后顺序可以任意颠倒，不影响库中的数据关系
　　C. 前后顺序可以任意颠倒，但排列顺序不同，统计处理的结果就可能不同
　　D. 前后顺序不能任意颠倒，一定要按照关键字段值的顺序排列
26. 关系数据库中的关键字是指（　　　）。
　　A. 能唯一决定关系的字段　　　　　　B. 不可改动的专用保留字
　　C. 关键的很重要的字段　　　　　　　D. 能唯一标识元组的属性或属性集合

二、填空题

1. ＿＿＿＿＿＿＿＿＿是描述数据库中各种数据属性与组成的数据集合，它是数据库设计与管理的有力工具。
2. 在关系数据库中创建索引的目的是＿＿＿＿＿＿＿＿＿。
3. 在关系数据库中，只能存放视图的＿＿＿＿＿＿＿＿，不能存放视图的＿＿＿＿＿＿＿＿，视图是一个＿＿＿＿＿＿＿＿。
4. 数据模型按不同的应用层次分为三种类型：概念数据模型、逻辑数据模型及＿＿＿＿＿＿＿＿。
5. 数据模型所描述的内容有三个部分：＿＿＿＿＿＿＿＿、数据操纵与数据约束。
6. 关系数据库采用＿＿＿＿＿＿＿＿作为数据的组织方式。
7. 关系模型统一采用＿＿＿＿＿＿＿＿形式，它也可简称表。
8. 关系模型的数据操纵即建立在关系上的一些操作，一般有＿＿＿＿＿＿＿＿、删除、插入及修改四种。

三、问答题

1. 关系规范化一般应遵循的原则是什么？
2. 关系数据库规范化是为了解决关系数据库的哪些问题？
3. 简述需求分析的方法和步骤。
4. 简述在 Access 中建立学生选课数据库系统的主要步骤。

项目三　关系数据库标准语言 SQL

[项目概述]
　　结构化查询语言(structured query language,SQL)是一种通用、功能强大的关系数据库语言。本项目主要介绍 SQL 的定义、特点,以及利用 SQL 进行数据定义、数据查询、数据更新、数据控制等。

[学习目标]
　　理解 SQL 的定义、特点、组成,能够独立利用 SQL 的数据定义、数据查询、数据更新、数据控制等功能进行数据库操作。

任务一　认识 SQL

[任务概述]
　　SQL 是一种通用、功能强大的关系数据库语言,主要包括数据定义、数据查询、数据更新和数据控制四种功能。当前大多数关系数据库管理系统软件都支持 SQL,一些软件运营商还对 SQL 基本命令集进行了不同程度的扩充和修改。

一、SQL 的定义

　　SQL 是一种关系数据库语言,介于关系代数和关系演算之间,其主要功能包括数据定义、数据操作、数据控制等,其中数据操作又分为数据查询和数据更新。SQL 功能强大、简单易学,已成为数据库领域的国际标准。

二、SQL 的特点

　　SQL 主要有以下特点:

　　(1)综合统一。SQL 在语言风格上统一且功能强大,能够完成各种数据库操作,如典型的"SELECT—FROM—WHERE"查询块。

　　(2)高度非过程化。用户不需要了解存取路径,存取路径的选择及 SQL 语句的操作过程由系统自动完成。

　　(3)面向集合的操作方式。SQL 采用集合操作方式,不仅操作对象、查找结果可以是记录的集合,且插入、修改、删除、更新等操作的对象也可以是记录的集合。

　　(4)同一种语法结构提供两种使用方式。SQL 既是自含式语言,又是嵌入式语言。作为自含式语言,可以独立地交互使用;作为嵌入式语言,主要是嵌入其他高级语言中,供程序员使用。

　　(5)格式简单,易学易用。值得注意的是,SQL 只提供对数据库的定义、操作等能力,不能完成屏幕控制、菜单管理、报表生成等功能,不是一个应用程序开发语言。

三、SQL 的组成

SQL 可以对两种基本的数据结构进行操作,即表和视图。视图是由不同数据库中满足一定条件约束的数据组成,用户可以像操作基本表一样对其进行操作。视图呈现给用户的是数据的部分内容,这样不但便于用户使用,而且可以提高数据的独立性,便于数据的安全保密。

SQL 由数据定义语言(data definition language,DDL)、数据操作语言(data manipulation language,DML)和数据控制语言(data control language,DCL)组成。

(1)数据定义语言用于创建、修改、删除数据库中的各种对象,包括数据库、表、视图、索引等。

(2)数据操作语言用于对已存在的数据库进行记录的插入、修改、更新、删除等操作,分为数据查询和数据更新两大类。

(3)数据控制语言用于授予或收回访问数据库的某种特权,控制数据操作事务的发生时间及效果,对数据库进行监视,包括对表和视图的授权、完整性约束的描述、并发控制、事务控制等。

任务二 数据定义

[任务概述]

SQL 的数据定义功能主要包括定义、修改、删除基本表,定义、删除索引,定义视图等。

一、定义基本表

定义基本表即创建一个基本表,对表名及表中所包含的字段、数据类型、大小、约束等属性做出规定。不同的数据库系统支持的数据类型不同,但大同小异。以下给出 Access 数据库管理系统中提供的常用数据类型。

(1)CHAR(n)、TEXT(n):字符串型,长度为 n 个中文汉字或英文字母。

(2)SMALLINT、INT、REAL、NUMERIC:数字型,分别为短整型、整型、单精度型、双精度型。

(3)DATE/DATETIME:日期/时间型。

(4)BIT:逻辑型,是/否。

使用 SQL 定义基本表的语法格式如下:

```
CREATE TABLE  〈表名〉
        (<列名><数据类型>[大小][列级完整性约束条件]
        [,<列名><数据类型>[大小][列级完整性约束条件]]…
        [,<表级完整性约束条件>]);
```

例如,创建一个学生表和选课表(在已打开的数据库中创建):

```
CREATE TABLE  学生表
        (学号 CHAR(12) Primary Key,
         姓名 CHAR(8) NOT NULL,
         性别 CHAR(2),
```

代码续

```
              专业 CHAR(20),
              出生日期 DATE,
              家庭地址 CHAR(50));

CREATE TABLE   选课表
          (学号 CHAR(12),
             课程号 CHAR(6),
             课程名 CHAR(20),
             成绩 SMALLINT,
             Constraint Group Primary Key(学号,课程号));
```

　　Primary Key 表示学生表中的"学号"字段为主键；Constraint Group Primary Key（学号，课程号）表示属性组（学号，课程号）是主键字段组。注意，主键只能设置一次，当表中有两个字段需被同时定义为主键时，必须使用 Constraint 命令。

二、修改基本表

　　使用 SQL 修改基本表的语法格式如下：

```
ALTER TABLE  ＜表名＞
        [ADD(＜新列名＞＜数据类型＞[大小][列级完整性约束条件]
        [,…n])]
        [DROP＜完整性约束名＞]
        [MODIFY(＜列名＞＜数据类型＞[大小][,…n])];
```

　　ADD：增加一个新列和该列的完整性约束条件。

　　DROP：删除指定的完整性约束条件。

　　MODIFY：修改原有列的定义。

　　例如，以下三条语句分别表示向学生表中增加一个列名为"备注"，数据类型为字符串，长度为 100 的新列；修改学生表中"家庭地址"列，将其修改为字符串型，长度为 60；删除学生表中的"备注"列：

```
ALTER  TABLE 学生表   ADD   备注  CHAR(100);
ALTER  TABLE 学生表   ALTER COLUMN 家庭地址 CHAR(60);
ALTER  TABLE 学生表   DROP 备注;
```

三、删除基本表

　　使用 SQL 删除基本表的语法格式如下：

```
DROP TABLE ＜表名＞;
```

　　例如，删除学生表：

```
DROP  TABLE 学生表;
```

四、创建索引

索引是对表中一个或多个字段的值进行排序,可以利用索引快速访问表中信息。为提高数据搜索速度,可根据应用环境的需要为一个基本表建立若干索引。通常,索引的建立和删除由数据库管理员或创建表的人负责。

使用 SQL 创建索引的语法格式如下:

```
CREATE [UNIQUE][CLUSTER] INDEX <索引名>
    ON <表名>(<列名>[<次序>][,<列名>[<次序>]]…);
```

UNIQUE:指该索引的每一个索引值只对应一条唯一的记录。

CLUSTER:表示要创建的索引是聚簇索引。聚簇索引是指索引项的顺序与表中记录的物理顺序一致,在一个基本表上只能建立一个聚簇索引。

次序:指定索引是按升序(ASC)还是按降序(DESC)排列,默认为 ASC。

例如,为学生表建立一个按学号升序排列的索引,名为 XSXH。

```
CREATE  INDEX  XSXH  ON 学生表(学号 ASC);
```

使用索引时需注意以下几个问题:

(1)改变表中的数据时,如增加或删除记录,索引将自动更新。

(2)索引建立后,当查询使用索引列时,系统将自动使用索引进行查询。

(3)可以为表建立任意多个索引,但索引越多,数据更新速度越慢。因此,对于经常被用于查询的表,可以为其建立多个索引;而对于经常进行数据更新的表,应少建立索引,以便于提高速度。

五、删除索引

创建索引的目的是提高搜索速度,但随着索引的增多,数据更新时系统会花费大量的时间来维护索引。因此,应及时删除不必要的索引。

使用 SQL 删除索引的语法格式如下:

```
DROP  INDEX <索引名>;
```

例如,删除学生表中名为 XSXH 的索引:

```
DROP  INDEX  XSXH  ON 学生表;
```

任务三　数据查询

[任务概述]

建立数据库的目的主要是为了对数据库进行操作,以便能够从中提取有用的信息,而数据查询则是数据库操作的核心。SQL 中查询语句的基本形式是"SELECT—FROM—WHERE"查询块,它是 SQL 中最具特色的核心语句,包括单表查询、连接查询和嵌套查询等。

一、SELECT 语句的格式

SELECT 语句的基本格式如下:

```
SELECT [ALL| DISTINCT]<目标列表达式>[,<目标列表达式>]…
FROM <表名或视图名>[,表名或视图名]…
        [WHERE <条件表达式>]
        [GROUP BY <列名1>[HAVING<条件表达式>]]
[ORDER BY <列名2>[ASC|DESC]];
```

(一)命令含义

SELECT:根据 SELECT 子句指定的目标列表达式,选出表中满足条件的记录,结果形成查询表。

ALL:表示输出所有记录。

DISTINCT:若结果集中有相同记录,则只输出一次。

FROM:从 FROM 子句指定的基本表或视图中,根据 WHERE 子句的条件表达式查找出满足条件的记录。

GROUP BY:将结果按"列名1"的值进行分组,该属性列值相等的记录为一组;如果 GROUP BY 子句带有短语 HAVING,则只有满足短语指定条件的分组才会输出。

ORDER BY:将结果按"列名2"的值进行升序或降序排列。

(二)目标列表达式

目标列表达式可以是"列名1,列名2,…"的形式;如果 FROM 子句指定了多个表,则列名应该表示为"表名.列名"的形式。列表达式可以使用 SQL 提供的库函数,如以下函数。

SUM(列名):计算某一数值型列的值的总和。

AVG(列名):计算某一数值型列的值的平均值。

MAX(列名):计算某一数值型列的值的最大值。

MIN(列名):计算某一数值型列的值的最小值。

COUNT(＊):统计记录条数。

COUNT(列名):统计某一列值的个数。

SELECT 语句既可以完成简单的单表查询,也可以完成复杂的连接查询和嵌套查询。

二、单表查询

1. 查询所有学生的全部信息

```
SELECT  *
    FROM 学生表;
```

该示例中不含 WHERE 条件表达式,表明查询所有学生的基本信息。

2. 查询所学专业为测绘地理信息技术的所有学生的姓名、班级、出生日期和家庭地址

```
SELECT  姓名,班级,出生日期,家庭地址
    FROM  学生表
    WHERE  专业名 ='测绘地理信息技术';
```

3. 查询学生表中各个学生的姓名、专业名和总学分

```
SELECT  姓名,专业名,总学分
    FROM  XS;
```

4. 查询学生表的学生总人数

```
SELECT   COUNT( * )
    FROM   学生表;
```

5. 查询年龄在 19～22 岁之间的学生的姓名、性别、专业名

```
SELECT   姓名,性别,专业名
    FROM   学生表
    WHERE   年龄 BETWEEN 19 AND 22；
```

6. 查询所有学号以 2012 开头的学生的详细信息

```
SELECT   *
    FROM   学生表
    WHERE   学号 LIKE '2012 % ';
```

注:Access 中以" * "代替"%"。

7. 查询缺少成绩的学生的学号和课程号

```
SELECT   学号,课程号
    FROM   选课表
    WHERE   成绩 IS NULL;
```

8. 查询测绘地理信息技术专业且籍贯为昆明的学生学号和姓名

```
SELECT   学号,姓名
    FROM   学生表
    WHERE   专业名 = '测绘地理信息技术' AND 籍贯 = '昆明';
```

9. 查询选修了空间数据库技术应用课程的学生学号和成绩,结果按成绩以降序排列

```
SELECT   学号,成绩
    FROM   选课表
    WHERE   课程名 = '空间数据库技术应用'
    ORDER BY   成绩 DESC;
```

10. 查询选修了课程的学生人数

```
SELECT   COUNT(DISTINCT 学号)
    FROM   选课表;
```

注:DISTINCT 的作用是避免重复计算学生人数。

其他涉及 MAX、MIN、AVG、GROUP、HAVING 等命令的查询不再举例,可参照以上示例举一反三。

三、连接查询

若查询涉及两个或两个以上的基本表,则需要进行连接查询。连接查询只需在 FROM 子句中指出要连接的表的名称,并在 WHERE 子句中指定查询条件即可。

1. 查找所有选修了课程的学生姓名和专业名

```
SELECT   DISTINCT   姓名,专业名
    FROM   学生表,选课表
    WHERE   学生表.学号 = 选课表.学号;
```

2. 查找李小多所选课程的课程名和成绩

```
SELECT   '李小多所选课程:',课程名,成绩
    FROM   学生表,课程表,选课表
    WHERE   学生表.姓名 = '李小多'
        AND   选课表.课程号 = 课程表.课程号
        AND   学生表.学号 = 选课表.学号;
```

该查询涉及三个基本表之间的连接运算,用户只需用外键指定连接条件即可。SELECT
子句中允许出现字符串常量,如"李小多所选课程:"起到提示作用,方便查询结果阅读。

四、嵌套查询

嵌套查询是指在"SELECT—FROM—WHERE"查询块内嵌入一个或多个查询块。

例如,找出选修空间数据库技术应用课程的学生及专业名:

```
SELECT   姓名,专业名
    FROM   学生表
    WHERE   学号 IN(SELECT 学号
                    FROM 选课表
                    WHERE 课程号 IN (SELECT 课程号
                        FROM 课程表
                        WHERE 课程名 = '空间数据库技术应用'));
```

该查询在最外层查询体内又嵌套了两层查询。嵌套查询执行时是自下而上进行的,即外
层用到内层查询的结果。

在嵌套查询中经常用到谓词 IN。此外,许多嵌套查询可以转换为连接查询,但并非所有
的嵌套查询都可以用连接查询代替。

任务四　数据更新

[任务概述]

数据查询不能改变数据库中的数据,仅仅是把数据库中符合条件的某些信息反馈给用户。
一个数据库若要保持信息的正确性、及时性,则要依赖于数据库的更新功能。数据更新主要包
括插入数据、修改数据和删除数据等。

一、插入数据

插入语句的基本格式如下:

```
INSERT   INTO   <表名>[<属性列 1>[,<属性列 2>…]]
        VALUES(<常量 1>[,<常量 2>…]);
```

该命令是将新记录插入指定的表中。若属性列省略,则是向表中所有字段插入数据。

例如,向学生表中插入一条记录:

```
INSERT   INTO   学生
        VALUES('2014089','李力','男',22,'测绘地理信息技术');
```

此外,SQL 允许向表中插入部分字段内容。

例如,向课程表中插入一条记录的部分字段:

```
INSERT INTO   课程(课程号,课程名称)
          VALUES('0126','空间数据库技术应用');
```

二、修改数据

修改数据的基本格式如下:

```
UPDATE  <表名>
    SET   <列名 1> = <表达式>[,<列名 2> = <表达式>]…
    [WHERE<条件>];
```

该命令用于修改表中满足 WHERE 查询条件的记录内容,SET 用于将新值赋予某个字段以替代旧值。

例如,将课程表中"数据库原理"改为"空间数据库技术应用":

```
UPDATE   课程
    SET   课程名 = "空间数据库技术应用"
    WHERE   课程名 = "数据库原理";
```

若无 WHERE 子句,则表示修改所有记录的值。

例如,将所有课程的学分字段值减 1:

```
UPDATE   课程
    SET   学分 = 学分－1;
```

三、删除数据

删除数据的基本格式如下:

```
DELETE
    FROM <表名>
    [WHERE   <条件>];
```

该命令用于删除表中满足条件的记录;若省略 WHERE 子句,则表示删除表中所有记录,只保留表的结构。

例如,根据教学计划调整,删除"大学语文"课程:

```
DELETE
    FROM   课程
    WHERE   课程名 = '大学语文';
```

任务五　数据控制

[任务概述]

SQL 提供的数据控制功能主要包括对用户或角色授予操作权限,以及收回对某用户或角色的权限。

一、授权

授权语句的格式如下：

```
GRANT  <权限>[,<权限>]…
    [ON  <对象类型><对象名>]
    TO  <用户>[,<用户>]…
    [WITH  GRANT  OPTION];
```

该命令用于将作用在指定操作对象上的操作权限授予指定用户。对象类型可以是表、视图等；接受权限的用户可以是一个或多个具体的用户，也可以是 PUBLIC，即全体用户。若指定了 WITH GRANT OPTION 子句，则获得某种权限的用户还可以将这种权限再授予其他用户；反之，只能使用权限。

例如，将查询课程表中数据的权限授予所有用户：

```
GRANT  SELECT
    ON  TABLE  课程
    TO  PUBLIC;
```

二、回收权限

回收权限的格式如下：

```
REVOKE <权限>[,<权限>]…
    [ON <对象类型><对象名>]
    FROM <用户>[,<用户>]…;
```

该命令的功能是将授予用户的权限回收。当涉及多个用户权限时，收回上级用户权限的同时也收回其对应的所有下级用户权限。

例如，回收用户 Zhangsan 和 Lisi 对学生表的更新权限：

```
REVOKE UPDATE
    ON  TABLE  学生
    FROM  Zhangsan, Lisi;
```

实验案例 "学生选课数据库系统"数据查询

本实验案例基于"学生选课数据库系统"，利用 SQL 进行数据查询。

学生选课数据库系统主要包括课程表、学生信息表、学生选课表、教师信息表、教学信息表、专业信息表。数据库建成后，需要建立各个表间的关系。打开"学生选课数据库系统"，表间关系如图 3-1 所示。

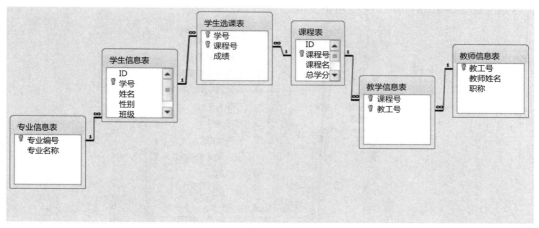

图 3-1 "学生选课数据库系统"表间关联

一、单表查询

查询所有学生的姓名、学号、班级。

打开"学生选课数据库系统",选择【创建】菜单,点击【查询设计】,在【显示表】窗口中选择【学生信息表】,点击【添加】按钮,如图 3-2 所示。

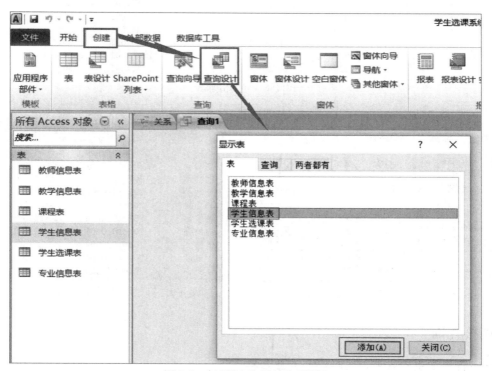

图 3-2 打开"查询设计"对话框

在界面空白处点击鼠标右键,选择【SQL 视图】,切换到 SQL 视图界面,进行 SQL 语句的编写,完成后点击红色感叹号按钮运行,即可得到查询结果,如图 3-3～图 3-6 所示。

注意:编写 SQL 语句时,应使用英文状态下的标点符号。

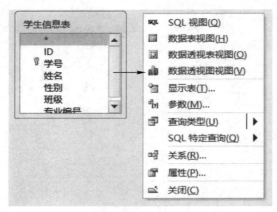

图 3-3　打开"SQL 视图"对话框

ID	学号	姓名	性别	班级	专业编号
5	20161020030	张咪	女	地信1601	52304
6	20161020031	李阳	男	地信1601	52304
1	20161020601	冯时奇	男	地籍1601	52305
2	20161020602	郭婉茹	女	地籍1601	52305
3	20161020703	韩志凯	男	摄影1601	52302
4	20161020704	黄仪博	男	摄影1601	52302
7	20161020901	白俊亮	男	工测1601	52301
8	20161020902	曾琳	男	工测1601	52301
9	20161020904	丁世琦	男	测绘1601	52303
10	20161020909	靳元昊	男	测绘1601	52303

图 3-4　学生信息表

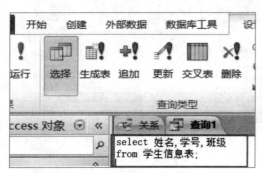

图 3-5　SQL 语句及运行界面

图 3-6　对"学生信息表"的查询结果

二、连接查询

(一)查询学生的姓名、专业编号、专业名称

由于学生的姓名、专业编号存储在"学生信息表"中,而专业名称存储在"专业信息表"中,若要同时查询每个学生的姓名、专业编号和专业名称,则需要对两个表进行操作。在创建"查询设计"时,将"学生信息表"和"专业信息表"同时添加进来。

具体的 SQL 语句为：

```
SELECT   学生信息表.姓名,专业信息表.专业编号,专业信息表.专业名称
    FROM   学生信息表,专业信息表
    WHERE   学生信息表.专业编号 = 专业信息表.专业编号;
```

图 3-7、图 3-8、图 3-9 分别表示专业信息表内容、SQL 查询语句、查询结果。

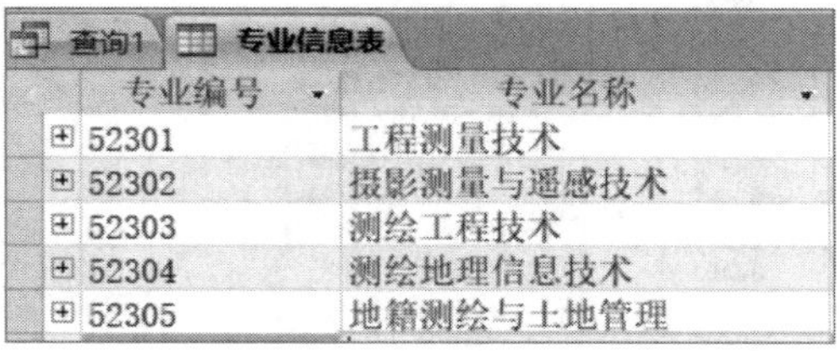

图 3-7　专业信息表

图 3-8　SQL 查询语句

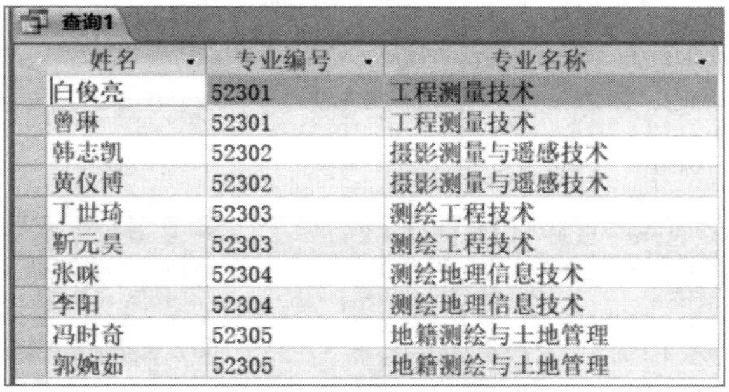

图 3-9　查询结果

(二)查询学生的姓名、专业编号、专业名称和所选课程名

同上,由于学生的姓名、专业编号、专业名称、课程名等字段信息存储在不同的表中,查询时需要通过表间关联将涉及的各个关系表连接起来,共同实现查询操作。

具体的 SQL 语句为：

```
SELECT   学生信息表.姓名,专业信息表.专业编号,专业信息表.专业名称,课程表.课程名
    FROM   学生信息表,专业信息表,学生选课表,课程表
    WHERE   学生信息表.专业编号 = 专业信息表.专业编号
      AND   学生信息表.学号 = 学生选课表.学号
      AND   学生选课表.课程号 = 课程表.课程号;
```

查询结果如图 3-10 所示。

查询1 查询2

姓名	专业编号	专业名称	课程名
张咪	52304	测绘地理信息技术	普通地图编制
张咪	52304	测绘地理信息技术	空间数据库技术应用
李阳	52304	测绘地理信息技术	普通地图编制
李阳	52304	测绘地理信息技术	空间数据库技术应用
冯时奇	52305	地籍测绘与土地管理	英语
冯时奇	52305	地籍测绘与土地管理	高等数学1
郭婉茹	52305	地籍测绘与土地管理	英语
郭婉茹	52305	地籍测绘与土地管理	高等数学1
韩志凯	52302	摄影测量与遥感技术	英语
韩志凯	52302	摄影测量与遥感技术	高等数学1
黄仪博	52302	摄影测量与遥感技术	英语
黄仪博	52302	摄影测量与遥感技术	高等数学1
白俊亮	52301	工程测量技术	测绘CAD
白俊亮	52301	工程测量技术	地形测量
曾琳	52301	工程测量技术	测绘CAD
曾琳	52301	工程测量技术	地形测量
丁世琦	52303	测绘工程技术	地形测量
丁世琦	52303	测绘工程技术	数字摄影测量
靳元昊	52303	测绘工程技术	工程测量
靳元昊	52303	测绘工程技术	变形监测

图 3-10 查询结果

(三)查询学生的姓名、专业编号、专业名称、每门课的成绩

方法操作与以上类似,具体的 SQL 语句为:

```
SELECT 学生信息表.姓名,专业信息表.专业编号,专业信息表.专业名称,课程表.课程名,学生选课
    表.成绩
  FROM 学生信息表,专业信息表,学生选课表,课程表
  WHERE 学生信息表.专业编号 = 专业信息表.专业编号
    AND 学生信息表.学号 = 学生选课表.学号
    AND 学生选课表.课程号 = 课程表.课程号;
```

查询结果如图 3-11 所示。

姓名	专业编号	专业名称	课程名	成绩
张咪	52304	测绘地理信息技术	普通地图编制	96
张咪	52304	测绘地理信息技术	空间数据库技术应用	94
李阳	52304	测绘地理信息技术	普通地图编制	78
李阳	52304	测绘地理信息技术	空间数据库技术应用	84
冯时奇	52305	地籍测绘与土地管理	英语	90
冯时奇	52305	地籍测绘与土地管理	高等数学1	85
郭婉茹	52305	地籍测绘与土地管理	英语	96
郭婉茹	52305	地籍测绘与土地管理	高等数学1	75
韩志凯	52302	摄影测量与遥感技术	英语	78
韩志凯	52302	摄影测量与遥感技术	高等数学1	85
黄仪博	52302	摄影测量与遥感技术	英语	87
黄仪博	52302	摄影测量与遥感技术	高等数学1	86
白俊亮	52301	工程测量技术	测绘CAD	84
白俊亮	52301	工程测量技术	地形测量	82
曾琳	52301	工程测量技术	测绘CAD	78
曾琳	52301	工程测量技术	地形测量	82
丁世琦	52303	测绘工程技术	地形测量	89
丁世琦	52303	测绘工程技术	数字摄影测量	87
靳元昊	52303	测绘工程技术	工程测量	95
靳元昊	52303	测绘工程技术	变形监测	96

图 3-11 查询结果

如果需要对查询结果按照成绩进行排序,则需要加上 ORDER BY 语句。

具体的 SQL 语句为:

```
SELECT   学生信息表.姓名,专业信息表.专业编号,专业信息表.专业名称,课程表.课程名,学生选课表.
         成绩
   FROM   学生信息表,专业信息表,学生选课表,课程表
   WHERE   学生信息表.专业编号 = 专业信息表.专业编号
      AND   学生信息表.学号 = 学生选课表.学号
      AND   学生选课表.课程号 = 课程表.课程号
   ORDER BY 成绩;
```

排序后的查询结果如图 3-12 所示。

图 3-12　按照成绩排序后的查询结果

职业能力训练

[训练一]

数据定义。

实训目的:掌握利用 SQL 定义、修改、删除基本表等操作。

实训内容:创建一个"学生选课数据库系统",主要包括以下内容。

(1)学生表,主要包括学号、姓名、性别、籍贯、出生日期、班级等字段。

(2)课程表,主要包括课程编号、课程名称、课时、学分、课程性质等字段。

(3)选课表,主要包括选课序号、学号、课程编号、课程名称、成绩等字段。

[训练二]

数据查询。

实训目的:使用 SELECT 语句进行数据查询。

实训内容:基于[训练一]创建的"学生选课数据库系统",进行如下操作。

1. 利用 SQL 进行简单查询

(1)查询学生表中所有学生的全部信息。

（2）查询学生表中所学专业为摄影测量与遥感的学生学号、姓名、年龄。

（3）查询学生表中各个学生的姓名、专业名。

（4）查询学生表中地理信息系统专业且性别为女的学生学号、姓名。

（5）查询马老师所教的课程号、课程名称。

（6）查询年龄大于 21 岁的女学生的学号、姓名。

（7）查询陈燕梅所选修的全部课程名称。

（8）查询所有成绩都在 80 分以上的学生姓名、专业名。

2. 利用 SQL 进行复杂查询

（1）查询学生表中年龄在 19～22 岁之间的学生姓名、性别、专业名。

（2）查询学生表中所有学号以 1406 开头的学生的详细信息。

（3）查询缺少成绩的学生学号、课程号。

（4）查询选修了"空间数据库"课程的学生学号、成绩，结果按成绩以降序排列。

（5）查询学生表的学生总人数。

（6）查询至少选修两门以上课程的学生姓名、性别。

（7）查询没有选修马老师所教课程的学生。

（8）查询"空间数据库"课程得分最高的学生姓名、性别、专业名。

［训练三］

数据更新。

实训目的：使用 SQL 语句进行插入数据、删除数据和修改数据等操作。

实训内容：基于［训练一］创建的"学生选课数据库系统"，进行如下操作。

1. 在学生表中新增一条学生记录："学号：2010079；姓名：张小凯；性别：男；专业：测绘地理信息技术；籍贯：云南昆明；出生日期：1998 年 12 月 1 日"。

2. 删除姓名为"张小凯"的学生的全部信息。

3. 将"地图学与地理信息系统"专业改为"测绘地理信息技术"专业。

［训练四］

数据控制。

实训目的：使用 SQL 语句进行授权和回收权限等操作。

实训内容：

1. 收回所有用户对"学生表"的查询权限。

2. 将"选课表"的插入数据权限授予用户 A1。

练习题

一、单项选择题

1. SQL 是（   ）的缩写形式。

    A. selected query language   B. procedured query language

    C. standard query language   D. structured query language

2. SQL 语言的语句中,最核心的语句是(　　)。
   A. 插入语句　　　　　B. 删除语句　　　　C. 创建语句　　　D. 查询语句
3. SQL 语言集数据查询、数据操作、数据定义和数据控制功能于一体,其中,CREATE、DROP、ALTER 语句用于实现(　　)功能。
   A. 数据查询　　　　　B. 数据操作　　　　C. 数据定义　　　D. 数据控制
4. SQL 中的视图机制提高了数据库系统的(　　)。
   A. 完整性　　　　　　B. 并发控制　　　　C. 隔离性　　　　D. 安全性
5. 数据操作语言的基本操作功能不包括(　　)。
   A. 删除数据库中的数据　　　　　　　　B. 插入数据到数据库中
   C. 描述数据库中的访问控制　　　　　　D. 对数据库中的数据排序
6. SQL 语言中,条件"年龄 BETWEEN 20 AND 30"表示年龄在 20 岁至 30 岁之间,且(　　)。
   A. 包括 20 岁和 30 岁　　　　　　　　B. 不包括 20 岁和 30 岁
   C. 包括 20 岁,但不包括 30 岁　　　　　D. 包括 30 岁,但不包括 20 岁
7. 在 SQL 语言中授权操作是通过(　　)语句实现的。
   A. CREATE　　　　　B. REVOKE　　　　C. GRANT　　　　D. INSERT
8. 若用以下 SQL 语句创建一个 Student 表:
   "CREATE TABLE Student (NO CHAR(4) NOT NULL,Name CHAR(8) NOT NULL,Sex CHAR(2),Age INT)"可以插入 Student 表中的是(　　)。
   A. ('1031','曾华',男,23)　　　　　　B. ('1031','曾华',NULL,NULL)
   C. (NULL,'曾华','男','23')　　　　　D. ('1031',NULL,'男',23)
9. 在分组检索中,要去掉不满足条件的分组,应(　　)。
   A. 使用 WHERE 子句
   B. 先使用 WHERE 子句,再使用 HAVING 子句
   C. 使用 HAVING 子句
   D. 先使用 HAVING 子句,再使用 WHERE 子句
10. 下列聚合函数中不忽略空值(NULL)的是(　　)。
    A. SUM(列名)　　　　B. MAX(列名)　　　C. COUNT(＊)　　D. AVG(列名)
11. SQL 语言中,删除表命令是(　　)。
    A. DELETE　　　　　B. DROP　　　　　C. CLEAR　　　　D. REMOVE
12. SQL 语言中,创建表命令是(　　)。
    A. CREATE　　　　　B. ALTER　　　　　C. DROP　　　　　D. REMOVE

二、填空题

1. SQL 的数据定义功能主要包括定义、_____、_____基本表,定义、删除索引,定义_____等。
2. SQL 语言有两种使用方法,一是_____,二是_____。
3. SQL 中的数据操作语言用于创建、_____和修改数据库中的关系表。

三、问答题

1. 什么是 SQL? 全称是什么?

2. SQL 的功能包括哪些?

3. Access 数据库管理系统中提供的常用数据类型有哪些?

4. SELECT 语句的基本格式是什么?

5. 写出数据更新中插入数据、修改数据、删除数据等语句的语法格式。

6. 写出数据控制中授权和回收权限等语句的语法格式。

项目四　空间数据库

[项目概述]

　　本项目主要介绍空间数据库的相关概念、特点和作用，以及空间数据的来源和基本数据类型；重点讲述空间数据模型的种类，尤其是基于关系的空间数据模型和 Geodatabase 数据模型；介绍空间数据库引擎的相关概念。

[学习目标]

　　了解空间数据库系统的相关概念，如空间、空间数据和空间数据库。掌握空间数据的来源及其基本数据类型。理解空间数据模型的概念，重点掌握基于关系的空间数据模型中的 Shapefile、Coverage 及面向对象数据模型中的 Geodatabase 数据模型的概念。了解空间数据库引擎技术的相关概念。

任务一　认识空间数据

[任务概述]

　　空间数据是空间信息的原始表达方式，是空间数据库存储、管理的主要内容，学习空间数据库就必须先掌握空间数据的概念、基本特征、数据类型、数据结构及其主要来源。

一、空间数据的概念

　　空间数据是指以地球表面空间位置为参照的自然、社会、人文、经济数据，可以是图形、图像、文字、表格和数字等。空间数据表达的信息即空间信息。空间信息反映了空间实体的位置及与该实体相关联的各种属性、关系、变化趋势和传播特性等。

　　空间数据具有定位、定性、时间和空间关系等特点。定位是指在已知的坐标系里空间目标都具有唯一的空间位置；定性是指有关空间目标的自然属性，它与目标的地理位置密切相关；时间是指空间目标随时间的变化而变化；空间关系通常用拓扑关系来表示。

二、空间数据的基本特征

　　空间数据描述现实世界的各种事物和现象，它具有空间、属性和时间特征。

　　(1)空间特征用于描述地理实体(事物或现象)的空间位置和相互关系。例如，界桩的 X、Y 坐标或经纬度等，道路和建筑物之间的空间位置关系等。地理实体的空间坐标直接存储在空间数据库中，而空间关系则是通过坐标运算得到的，如包含关系、邻接关系等，即地理实体的空间位置中隐含了各类空间关系。

　　(2)属性特征用于描述地理实体的特性，即用来说明"是什么"，如某地理实体的类别、等级、数量、名称等。

　　(3)时间特征用于描述地理实体随时间的推移所发生的变化，如人口数的逐年变化。

三、空间数据类型

按照几何维度划分,空间数据有四种基本类型:点数据、线数据、面数据和体数据。

点是零维的,表达为抽象的一个孤立点。点数据可以代表一个单独地物目标,也可以代表一个地理单元。如高程点、路灯、垃圾桶、某个建筑物等。

线是一维的,由一串排列有序的点组成。线数据可以表示行政界线、水陆分界的水涯线等。某些地物可能具有一定宽度,如道路或河流,在特定比例尺下,也可以将其抽象为线。

面是二维的,由一串排列有序且首尾相连的点组成。面数据表示某种类型的地理实体的区域范围,它具有长度和宽度属性,通常抽象为一个多边形。如学校、耕地图斑、坑塘水面等。

体是三维的,更能形象地表现出地理实体的特征。体数据被想象为从某一基准展开的向上下延伸的数据,如一栋大楼、一个区域的地形表面等。

四、空间数据结构

数据结构即数据组织的形式,是适合于计算机存储、管理、处理的一种数据逻辑模型。空间数据结构是空间数据在计算机中的具体组织方式,主要以矢量数据结构和栅格数据结构两种形式存储,如图 4-1 所示。

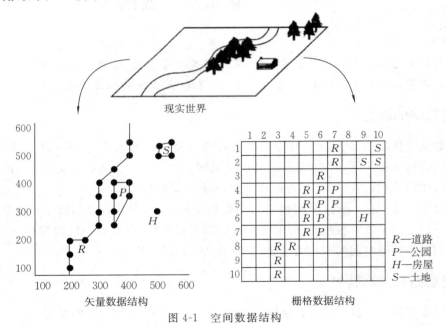

图 4-1　空间数据结构

(一)矢量数据结构

矢量数据结构利用欧几里得空间中的点、线、面及其组合体来表示地理实体的空间分布,通过记录坐标的方式,尽可能精确地表示点、线、面等地理实体。地理实体的位置用其在坐标参考系中的空间位置来定义,特点是定位明显、属性隐含。

(二)栅格数据结构

栅格数据结构将研究区域划分为均匀的格网,每个格网作为一个像元,像元的位置由其所在的行、列号确定,属性则由像元中的代码表示。在栅格数据结构中,一个点(如房屋)由单个像元表达,一条线(如道路)由具有相同取值的一组相邻像元表达,一个面(如旱地)由若干聚集在一起的具有相同取值的像元表达。栅格数据结构的特点是属性明显、定位隐含。

有些地理实体用栅格数据结构表达更合适,如数字高程模型、正射影像等;而有些地理实体用矢量数据结构表达更合适,如土地利用数据中的线状地物、地类图斑等,除了可以方便地表示它们的权属、长度、面积、类型等属性信息外,还可以方便地表达它们之间的空间关系。

矢量数据结构和栅格数据结构都是空间数据库管理的空间数据对象,在具体的应用中应根据实际需求,选择合适的数据结构。

五、空间数据的来源

为有效存储空间数据,必须考虑空间数据的来源。针对不同的数据源,采用不同的方式进行存储、分析和利用。空间数据的来源主要有以下几种:

(1)地图。地图中包含实体类别、属性、实体之间空间关系的诸多内容,因此,地图是空间数据的主要来源,可以矢量数据结构和栅格数据结构的形式来表达。

(2)实测数据。实测数据是指通过全站仪、卫星定位设备等测绘仪器在野外进行实地测量获取的数据。实测数据主要以矢量数据结构进行存储和表达。

(3)遥感影像。遥感影像是指通过航空、航天各种遥感平台实施对地观测所获取的数据,如卫星影像数据、航空摄影测量正射像片、倾斜摄影像片等。遥感数据可以应用在地质、地球物理、地球化学、地球生物、军事等诸多领域,也可用于与其他信息进行复合和综合分析。遥感数据主要以栅格数据结构进行存储和表达。

(4)文本资料。文本资料是指与地理空间信息相关的法律文档、行业规范、技术标准、条例等。主要以文档或元数据的形式进行存储,通常是空间数据生产的依据。

(5)统计资料。国家的许多部门和机构都拥有不同领域(如人口、基础设施建设等)的大量统计资料,这些是空间数据中属性数据的重要来源。

(6)已有系统的数据。空间数据还可以从其他已建成的信息系统和数据库中获取相应的数据。由于规范化、标准化的推广,不同系统间的数据共享和可交换性越来越强,这样就拓展了数据的可用性,增加了数据的潜在价值。这类数据在使用过程中,往往还需要进行格式转换。

任务二 认识空间数据库

[任务概述]

关系数据库在管理空间数据时具有局限性,不能直接用于管理复杂的空间数据,因此需要使用空间数据库对地理空间数据进行有效的管理和组织。

一、关系数据库管理空间数据的局限性

据统计,80%的行业和部门所涉及的信息均与空间数据有关,因此必须对这些海量的空间数据进行有效管理。

空间数据具有特殊性,除具有普通要素的属性特征外,还具有与坐标数据有关的空间位置特征,若直接利用传统的关系数据库管理系统存储和管理空间数据,则会存在以下问题:

(1)关系数据库系统管理的是不连续的、相关性较小的数字或字符;但空间数据具有连续性,且有很强的空间相关性。

(2)关系数据库不能管理复杂的空间实体及实体间的空间关系。

(3)关系数据库中存储的一般是等长记录的数据,而空间实体的位置信息是由变长的坐标数据表示,具有变长记录。

(4)关系数据库只支持文字、数字等信息的操作和查询,不支持复杂空间数据的查询和分析。

为解决以上问题,在关系数据库的基础上发展形成了空间数据库。

二、空间数据库的概念

空间数据库是指在计算机物理存储介质上存储的与应用相关的地理空间数据的总和,一般是以一系列特定结构的文件形式存储在物理存储介质中。空间数据库的目的是利用数据库技术实现空间数据的有效存储、管理和检索,为各种空间数据库用户使用。空间数据库的主要理论知识有空间数据库的设计、空间关系与数据结构的形式化定义、空间数据的表示与组织、空间数据查询、空间数据库管理系统等。

三、空间数据库的特点

空间数据库是以描述地理实体的空间位置和拓扑关系,以及属性特征为对象的数据库系统。具有以下特点:

(1)存储和管理海量数据的能力。空间数据库面向整个地理空间,可以存储和管理海量的地理空间数据,避免了由于数据量巨大而引起的"杂乱无章"。

(2)支持复杂数据类型。空间数据库除支持传统关系数据库所支持的文本、日期、数字等数据类型外,还支持所有与地理相关的数据类型,如点、线、面等。

(3)支持空间查询和空间分析。空间数据库存储地理实体之间的拓扑关系,支持空间查询和空间分析。

(4)图形数据和属性数据联合管理。空间数据库将图形数据和属性数据存储在同一位置,实行联合管理,以保证数据的完整性、一致性。

(5)数据应用范围广泛。空间数据库可应用在资源开发、环境保护、土地利用与规划、生态环境、智能交通等需要空间数据支持的行业领域。

四、空间数据库的作用

空间数据库是空间信息系统中空间数据的存储场所。在项目工作过程中,空间数据库发挥着核心的作用,主要有以下作用:

(1)空间数据处理与更新。地理信息数据一般具有一定的时效性,随着时间的推移,地理空间信息会发生变化,这就需要定期更新数据库,以保证数据的现势性与准确性;同时,被更新的数据存入历史数据库中供查询检索、时间分析、历史状态恢复等。空间数据库的更新不是简单的删除替换,必须要解决保持现有数据不变、更新数据与原有数据正确连接等诸多方面的问题。

(2)海量数据存储与管理。由于面向整个地理空间,数据量十分庞大,因此,空间数据库要提供海量数据存储和管理功能,解决数据冗余问题,加快查询速度,以保证后续应用的顺利开展。

（3）空间分析与决策。空间数据库中管理的是与地理位置有关的空间数据,因此要能够支持如叠置分析、缓冲区分析、网络分析、统计分析等在内的各种空间分析功能的实现。

（4）空间信息交换与共享。随着网络和空间数据库的发展,空间信息的交流和共享更加便捷。空间数据库应提供各种数据交换的接口、标准及与网络结合的方法,以适应各种应用。

任务三　空间数据模型

[任务概述]

空间数据模型建立在对地理空间的充分认识与完整抽象的基础上,采用地理空间认知模型（或概念模型）,利用计算机能够识别和处理的形式化语言来定义和描述现实世界的地理实体及其相互关系,是现实世界到计算机世界的直接映射。空间数据模型为描述空间数据组织和设计空间数据库提供基本方法,是地理信息系统空间数据建模的基础。

空间数据模型的发展与数据库技术的发展紧密相关。第一代层次与网状数据库和第二代关系数据库分别带动了空间层次数据模型、网络数据模型和关系数据模型的发展和成熟。当面向对象的数据模型成为第三代数据库系统的主要标志后,新的面向对象的空间数据模型也应运而生。

一、面向对象的基本思想

面向对象是模拟人类认识客观世界的方式,将现实世界的一切事物或现象（或称为实体）模型化为对象或对象的集合来表达。实体的静态特征（可以用数据来表达的特征）用对象的属性来表示;实体的动态特征（事物的行为）用对象的方法来表示。

二、面向对象方法中的几个基本概念

（1）对象。对象是现实世界中实际存在的实体,是构成系统的基本单位。一个对象由一组属性和对这组属性进行操作的方法构成。属性用来描述对象的静态特征,方法用来描述对象的动态特征。每个对象都有一个标识号（ID）来唯一标识。

（2）类。类是具有相同属性和方法的一组对象的集合,它为属于该类的全部对象提供了统一的抽象描述,其内部包括属性和方法两个主要部分。类给出了属于该类的全部对象的抽象定义,而对象则是符合这种定义的一个实例。例如,每条河流均具有名称、长度、流域面积等属性,以及查询、计算长度、求流域面积等操作方法,因此可以抽象为河流类。

（3）继承。一类对象可继承另一类对象的特性和能力。子类继承父类的共性,继承不仅可以把父类的特征传递给中间类,还可以向下传递给中间类的子类。例如,建筑物类具有业主、地址、建筑时间等属性,以及显示、删除等（操作）方法,而酒店也属于建筑物,也具有以上属性和方法。因此,建筑物类是酒店类的父类,酒店类是建筑物类的子类,若在建筑物类中定义了以上属性和方法,则酒店类会自动继承这些属性和方法,不需要重新定义。

三、面向对象的数据模型的概念

面向对象的数据模型即用面向对象的方法建立的数据模型,包括数据模式、建立在模式上的操作和建立在模式上的约束。

(1)数据模式(数据结构):对象与类结构。

(2)模式上的操作(数据操作):用对象与类中的方法来构建模式上的操作,这种操作语义范围比传统数据模型更具优势。例如,构建一个矩形类,其操作包括查询、增加、删除、修改,还可以包括放大、缩小、平移、拼接等。因此,面向对象的数据模型比传统的数据模型功能更强。

(3)模式上的约束(数据约束):与关系模型等传统的数据模型相同,模式上的约束包括实体完整性、参照完整性和用户定义完整性。

在面向对象的数据模型中,可以采用面向对象中的对象、方法和继承等概念来表示以上三个组成部分。例如,汽车类具有车窗、车门、方向盘、座椅等属性和行驶、刹车、停止、启动等方法,是小汽车类、公共汽车类、大卡车类的父类,其属性和方法均可以被小汽车类、公共汽车类、大卡车类所继承。

四、Geodatabase 数据模型

(一)Geodatabase 的概念

Geodatabase 是 ArcInfo 8 推出的一种面向对象的数据模型,如图 4-2 所示。其目的在于将地理信息系统数据集的特征统一化、智能化。统一化是指 Geodatabase 能在一个统一的模型框架下对地理空间要素进行统一的描述;智能化是指在 Geodatabase 中,对空间要素的描述和表达较之前的空间数据模型更接近于现实世界,更能清晰、准确地反映现实世界空间对象的信息,如建筑物、树、路灯、道路等。Geodatabase 为创建和操作不同应用的数据模型提供了一个统一的、强大的平台,在该模型的基础上,用户可以定义如选址模型、水土流失模型、交通规划模型等应用模型。

(二)Geodatabase 的体系结构

Geodatabase 采用层次结构来组织地理数据,这些数据包括对象类、要素类和要素数据集,如图 4-3 所示。对象类、要素类和要素数据集是 Geodatabase 中的基本组成项。

(1)对象类:存储非空间数据的表格。

(2)要素类:具有相同几何类型和属性的要素的集合,即同类空间要素的集合,如河流、道路、景区等。要素类之间可以独立存在,也可以具有某种联系。当不同要素类之间存在某种联系时,应将它们组织到一个要素数据集中。

(3)要素数据集:共享空间参照系统并具有某种联系的多个要素类的集合。

(三)Geodatabase 的优点

Geodatabase 数据模型有以下优点:

(1)空间数据统一存储。可以在同一个数据库中统一管理各种类型的空间数据。

(2)空间数据的输入和编辑更加精确。大多数错误可以通过智能化的拓扑错误检查避免。

(3)空间数据面向实际的应用领域。用户操作的不再是普通意义上的点、线、面,而是实际存在的路灯、道路、湖泊等。

(4)可以表达空间数据之间的相互关系。

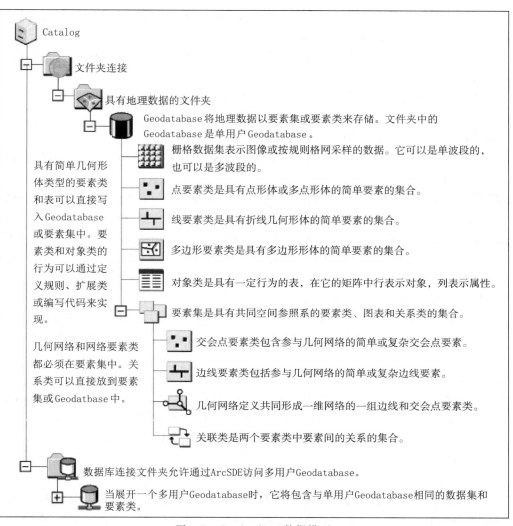

图 4-2　Geodatabase 数据模型

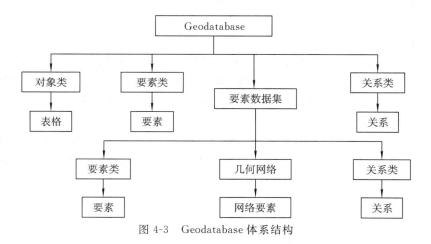

图 4-3　Geodatabase 体系结构

（5）可以制作更加优质的地图。在 ArcMap 中,用户可以更深入地控制要素的绘制方式,也可以通过编写代码,增加自动化的绘图方法。

（6）动态地显示地图上的要素。当地图上的某个要素发生变化时,其相邻要素也会产生相应的变化。

（7）可以管理连续的空间数据,无须进行分幅、分块。

（8）支持空间数据的版本管理和多用户并发操作。

(四)Geodatabase 的空间数据表达方式

（1）用矢量数据表达离散的空间要素(要素数据集)。在 Geodatabase 中,矢量数据以要素类的形式存储在要素数据集中。

（2）用栅格数据表达影像、格网化数据、曲面(栅格数据集)。在 Geodatabase 中,栅格数据直接存储在地理空间数据库中的栅格数据集中,与要素数据集构成并行关系。

（3）用不规则三角网(TIN)表达曲面(TIN 数据集)。Geodatabase 在存储 TIN 时,将其作为一个带有高程值的节点和带有边的三角形的整体来对待。TIN 所在的地理范围内的任意点的高程值可以通过内插方法得到。

(五)Geodatabase 的三种存储方案

Geodatabase 提供了三种空间数据存储方案:Personal Geodatabase(个人地理空间数据库)、File Geodatabase(文件地理空间数据库)和 ArcSDE Geodatabase(企业地理空间数据库)。

1. Personal Geodatabase

Personal Geodatabase 适用于在单用户下工作的系统。Personal Geodatabase 实际上就是一个 Access 数据库,当用户安装 ArcGIS 时,系统就自动安装了 Microsoft Jet,用户无须再另外安装 Access。需注意的是,Personal Geodatabase 的最大容量是 2 GB,并且只支持 Windows 平台。

2. File Geodatabase

File Geodatabase 也是适用于单用户环境的,同样能够支持完整的 Geodatabase 数据模型。File Geodatabase 以文件形式存储。容量限制方面,File Geodatabase 中的每个表都能存储 1 TB 的数据,可以满足大数据集的需求。此外,File Geodatabase 还支持存储海量栅格数据集。

3. ArcSDE Geodatabase

ArcSDE Geodatabase 适用于在多用户网络环境下工作的系统。通过 TCP/IP 协议,安装在服务器上的 ArcSDE 为运行在客户端的 GIS 应用程序提供 ArcSDE Geodatabase。通过 ArcSDE,用户可以将多种数据产品以 Geodatabase 的形式存储于商业数据库系统中,并获得高效的管理和检索服务。

ArcSDE Geodatabase 允许在网络环境下对空间数据进行多用户并行操作。此外,ArcSDE Geodatabaee 提供的版本控制功能也是 Personal Geodatabase 和 File Geodatabase 不具有的。

任务四　空间数据管理模式

[任务概述]

空间数据管理历经了文件-关系数据库管理模式、全关系数据库管理模式、对象-关系数据库管理模式、面向对象的数据库管理模式四个阶段。由于空间数据具有变长记录、对象嵌套、信息继承和传播、拓扑数据结构等问题,前两种管理模式已不能满足应用需求,在使用上受到较大限制。

一、文件-关系数据库管理模式

文件-关系数据库管理模式的基本思想是将图形数据与属性数据分别存储,其中图形数据以文件的形式存储,而属性数据存储在关系数据库管理系统中,二者之间通过标识符进行连接,如图 4-4 所示。例如,一条河流表示为:

图形数据,ID,$(X_1, Y_1)\cdots\cdots(X_n, Y_n)$;用于描述河流标识和坐标序列,存储在文件中。

属性数据,ID,河流名称,长度,宽度,源头等;用于描述河流的特征,存储在关系数据库管理系统中。

河流要素的图形数据和属性数据通过公共字段 ID 进行连接,以保证图形和属性数据的一致性。

由于这种管理模式一部分建立在关系数据库管理系统上,故存储和检索数据比较方便、可靠。但分开存储有时也会给查询操作带来一定的问题,如丢失某些地理要素的属性数据等;此外,数据的完整性和一致性约束也容易遭到破坏,如地理要素仍然存在,但属性数据在关系数据库管理系统中可能已被删除。

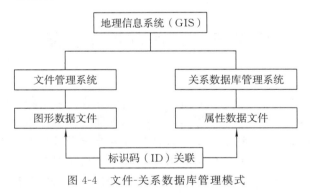

图 4-4　文件-关系数据库管理模式

二、全关系数据库管理模式

全关系数据库管理模式是指空间数据和属性数据都采用现有的关系数据库管理系统管理。关系数据库管理系统的软件厂商不作任何扩展,而由地理信息系统软件厂商在此基础上进行开发,使之不仅能管理结构化的属性数据,而且能管理非结构化的空间数据。其管理空间数据有两种模式:一种是基于关系模型的方式,空间数据按照关系数据模式组织,这种方式在访问空间数据时需要复杂的关系连接运算,非常费时;另一种是将空间数据的变长部分处理成 Binary 二进制块,这种方式虽然省去了大量的关系连接操作,但二进制块的读写效率比定长的属性字段慢得多,且无法解决复杂对象的嵌套问题。

三、对象-关系数据库管理模式

对象-关系数据库管理模式在传统关系数据库管理系统上扩展了空间数据管理模块,使之能统一管理图形数据和属性数据。如图 4-5 所示。如 Oracle 推出了 Oracle Spatial,定义了点、线、面等数据对象的应用程序接口(application programming interface,API)函数。这些函数将各种空间对象的数据结构进行了预先定义,用户使用时必须满足它的数据结构的要求,而不能根据地理信息系统的要求再定义。这种扩展的空间数据管理模块主要解决了空间数据变长记录的管理问题,效率比二进制块的管理高得多;但仍然没有解决对象的嵌套问题,空间对象也不能由用户任意定义。

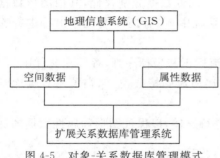

图 4-5　对象-关系数据库管理模式

由于对象-关系数据库管理模式是在传统关系数据库的基础上扩展形成的,所以采用该模式的空间数据库系统支持数据的安全性、一致性、完整性、并发控制,以及数据损坏后的恢复等基本功能,支持海量数据管理,是目前大型地理信息系统常用的数据管理模式。

四、面向对象的数据库管理模式

面向对象的数据库管理模式基于面向对象的数据模型,支持变长记录、对象嵌套、属性和方法的继承,允许用户定义对象和对象的数据结构(包括拓扑数据结构)及其操作等,是目前和对象-关系数据库管理模式并驾齐驱的空间数据管理新模式。

任务五　空间数据库引擎

[任务概述]

地理信息系统软件之间相互封闭,各自采用不同的数据格式、数据存储和数据处理方法,没有统一的标准,造成数据共享和交换困难。为实现多源、异构、多尺度空间数据的统一集成管理,需要使用空间数据库引擎技术。空间数据库引擎是一种位于应用程序和数据库管理系统之间的中间件技术,在用户和异构空间数据库的数据之间提供了一个开放的接口。使用不同 GIS 厂商的用户可以通过空间数据库引擎将自身的数据提交给关系数据库管理系统,由数据库管理系统统一管理;同样,用户也可以通过空间数据库引擎从关系数据库管理系统中获取其他类型 GIS 的数据,并转化为客户可以使用的方式。

一、空间数据库引擎概述

空间数据库引擎(spatial database engine,SDE)的概念最早由 Esri 公司提出。Esri 对空间数据库引擎的定义是,从空间数据管理的角度看,空间数据库引擎是一个连续的空间数据模型,借助这一模型,可以将空间数据加入关系数据库管理系统中。

我国科学技术名词审定委员会审定公布的定义为,使空间数据可以在工业标准的数据库管理系统中存储、管理和快速查询检索的客户—服务器(client/server)软件,它将空间数据加入扩展关系数据库管理系统中,并提供对空间和非空间数据进行有效管理、高效操作与查询的数据库接口。

由上述定义,SDE 可以理解为基于特定的空间数据模型,在特定的数据库管理系统的基础上,提供对空间数据的存储、检索等操作,并提供在此基础上的二次开发的程序功能集合。同时,SDE 又可以看作是基于大型关系数据库的客户—服务器模式的软件。相对于客户端,SDE 是服务器,提供空间数据服务接口,接受所有空间数据服务请求;相对于服务器端,SDE 是客户端,提供数据库访问接口,用于连接数据库和存取空间数据。

二、国内外空间数据库引擎技术分析

为实现多源、异构、多尺度空间数据的统一集成管理,近年来,各大数据库厂商及地理信息系统厂商就空间数据库引擎做了大量的研究工作。

国内,超图公司采用多源空间数据无缝集成技术研发了 SuperMap SDX+,其中包括 SDX for SQL Server、SDX for Oracle、SDX for Oracle Spatial、SDX for SDE 等。国外,MapInfo 公司的 SpatialWare 是第一个在对象-关系数据库环境下支持基于 SQL 进行空间分析和空间查询的空间数据库引擎,但它采用的数据模型不支持空间拓扑关系,空间分析功能较弱。Oracle 公司推出的 Oracle Spatial,为空间数据的存储与索引定义了一套数据库结构,并通过扩展 Oracle PL/SQL 为空间数据的处理和操纵提供了一系列函数和过程,从而实现了对空间数据服务的支持。Esri 公司则推出了 ArcSDE"智能化"空间数据库引擎解决方案。

目前,超图公司的 SuperMap SDX、Oracle 公司的 Oracle Spatial 及 Esri 公司的 ArcSDE 均在相应领域得到了较为广泛的应用。本书就 ArcSDE 进行详细介绍。

三、ArcSDE

ArcSDE 是基于 SDE 技术,在标准关系数据库系统的基础上,通过增加空间数据管理层,实现对现有关系数据库管理系统或对象-关系数据库管理系统的空间扩展,使空间数据和属性数据统一存储在商用数据库管理系统中,为网络中的任意客户端应用程序提供了一个在数据库管理系统中存储和管理地理信息系统数据的通道。这一通道为地理信息系统应用程序和基于关系数据库管理系统的空间数据库之间提供了一个开放的接口,充分把地理信息系统和关系数据库管理系统集成起来,屏蔽了系统差异和数据库系统平台的差异,允许 ArcGIS 在多种数据库平台上管理地理空间数据,保证了特定领域的地理信息系统应用,实现了不同客户端之间的高效共享和互操作。

(一)ArcSDE 的体系结构

ArcSDE 采用三层体系结构,即关系数据库管理系统(RDBMS)服务器、ArcSDE 应用服务器和客户端应用,其体系架构如图 4-6 所示。

在图 4-6 所示的体系结构中,ArcSDE 服务器端软件需要在 RDBMS(如 Oracle、SQL Server 等)的基础上进行安装,即先安装关系数据库系统,再安装 ArcSDE。ArcSDE 安装过程中需要提供系统管理员的账号及密码,并会自动引导用户在关系数据库中创建 SDE 表空间和用户。安装完毕后,自动启动 ArcSDE 服务。实际工作中,通常将 RDBMS 服务器和 ArcSDE 应用服务器安装配置在同一台服务器主机上,而客户端可以是运行在网络上的任意一台计算机,服务器端和客户端之间通过 TCP/IP 协议进行通信。

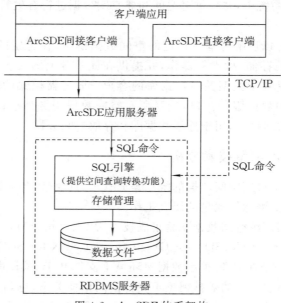

图 4-6　ArcSDE 体系架构

　　RDBMS 服务器、ArcSDE 应用服务器及客户端三者之间的交互访问模式如下:客户端应用程序通过 ArcSDE 应用程序接口向 ArcSDE 应用服务器发出空间数据服务请求,ArcSDE 应用服务器接到服务请求后,由 SQL 引擎根据空间数据的特点将空间查询转换为 RDBMS 服务器可直接识别的 SQL 查询,并对 SQL 语句进行解译,完成对空间数据库的检索,然后将满足查询条件的空间数据或属性数据传送到 ArcSDE 应用服务器,ArcSDE 应用服务器再通过网络将数据发回客户端。在这种结构下,RDBMS 服务器执行所有的空间查询和检索操作,并将结果返回给客户端;ArcSDE 应用服务器则主要负责对服务请求进行"翻译",起着数据通道的作用。

　　(二)ArcSDE 的基本功能

　　空间数据库引擎处于地理信息系统应用体系中的应用处理层,是连接客户端与 RDBMS 服务器的数据通道,在地理信息系统应用体系中具有重要地位。因此,空间数据库引擎不仅要具有一般数据库管理系统存取和管理数据的能力,还必须具备以下基本功能:

　　(1)支持多种数据库管理系统。ArcSDE 采用统一的数据标准和组件接口,因此能够包容较多的数据类型,支持多种数据库管理系统,易于实现数据库的更新和扩展。

　　(2)提供并发操作及安全控制机制。ArcSDE 为实现多用户共享空间数据库引擎的服务,提供对用户的多线程执行,可以实现在多用户环境下的高效并发访问。同时,因为 ArcSDE 构建在成熟的关系数据库管理系统之上,充分利用了数据库系统的安全控制机制,从而保证了地理空间数据的安全性和可靠性。

　　(3)支持分布式数据共享。ArcSDE 采用客户—服务器体系结构及成熟的数据库技术,能够将地理空间数据以记录的形式进行存储,数据可以分散存储于网络上的各个空间数据库中,而且连接的数据库和用户数量不受限制。这就为基于网络的空间数据分布式调用提供了技术保障。

　　(4)支持空间数据索引和海量数据的管理。空间数据索引是一种介于空间操作算法和地理对象之间的辅助性空间数据结构。通过筛选处理,它能够排除大量与特定空间操作无关的地理对象,从而缩小了空间数据的操作范围,提高了空间操作的速度和效率。在 ArcSDE 的应用体系中,数据库管理系统的强大数据处理能力加上 ArcSDE 独特的空间索引机制,使得每个数据集的数据量不受限制,轻松实现对海量空间数据的管理。

(5)支持空间关系运算及空间分析。由于 DBMS 并不直接支持对几何数据的运算,因此,在地理信息系统体系结构中,需要空间数据库引擎对空间数据加以处理,从而保证空间数据库系统能够提供对地理空间数据进行必要的空间关系运算和空间分析。

(6)支持地理信息系统工作流和长事务处理。地理信息系统中的数据管理工作流,如数据存取、多用户编辑、历史数据管理等,都依赖于 ArcSDE 长事务处理和版本管理。

(7)灵活的配置。ArcSDE 支持多种操作系统,如 Windows、Linux、Unix 等,能够在同一局域网内或跨网络对应用服务器进行多层结构的配置。

任务六　空间数据库的发展趋势

[任务概述]

空间数据库是近年的热点研究领域,是一门前沿的交叉学科,其研究成果应用于不同领域。应用的需求推动了空间数据库的发展,也指明了空间数据库的发展方向,即必须要与应用相结合,提升其易操作性。下面给出几个具有代表性的发展方向。

一、空间数据管理与 XML 数据库

1999 年,开放式地理信息系统协会(open GIS consortium,OGC)提出了地理标记语言(geographic markup language, GML)的概念。GML 基于可扩展标记语言(extensible markup language,XML),被用作转换地理特性的编码,可用于地理空间信息的编码、传输和存储。随着地理信息系统的广泛应用,GML 在其中也发挥着越来越重要的作用,并已成为业内事实上的标准。

目前,GML 数据主要以文档格式来存储,适用于地理信息数据的表示和交换。随着地理信息系统应用的日益复杂和互联网、Web 服务的迅速发展,文档格式的 GML 数据管理逐渐不能满足用户的需求。XML 数据库的成熟与发展将为 GML 数据的管理提供一种全新的存储和管理方案,成为地理信息数据表示和交换的重要手段。

此外,许多空间数据(尤其是栅格数据)的元数据本身具有层次化特性,XML 数据库可以为其提供存储、管理、查询等功能。

二、高安全空间数据库

信息安全是任何国家、政府、行业部门都十分重视的问题。地理空间信息数据是国家地理测绘成果的重要组成部分,是国家重要的战略资源。作为空间数据载体的空间数据库,其安全性值得关注。目前,国际上空间数据库基本上沿用的是传统关系数据库已有的安全机制,尚无扩展的空间数据库安全增强技术。因此,国内外学者纷纷开始关注空间数据库的安全问题。国际上有学者开展了地理空间数据访问控制模型和地理空间数据访问控制索引的研究;国内朱长青等开展了关于矢量地图数字水印的研究。此外,人工智能技术因其智能化和自动化的

网络管理方式,在网络安全防御问题中也起到至关重要的作用。

三、空间数据仓库

"数据仓库"的概念在 20 世纪 90 年代初提出,其目标是达到有效的决策支持。空间数据仓库(spatial data warehouse,SDW)是地理信息技术与传统数据仓库技术相结合的产物,其目标是挖掘空间数据的科学价值和经济价值,用于支持数字地球、空间数据集成、空间决策支持等应用。空间数据仓库扩展了地理信息系统的应用,强化了空间数据的利用率,特别是在时空演化和持续发展研究方面起着日益重要的作用。随着空间数据的不断积累和地理信息系统应用需求的不断提高,空间数据仓库必将成为空间数据库未来发展的一个重要方向。

空间数据仓库具有以下特点:

(1)面向主题。空间数据仓库是面向主题的,它以主题为基础进行分类、加工、变换。基于空间数据仓库的地理信息系统能将数据仓库中的数据以多种形式直观地呈现给用户,为决策人员提供面向主题的分析工具。

(2)面向集成。空间数据仓库的数据应尽可能全面、及时、准确,以各种面向应用的地理信息系统为基础,通过元数据将它们集成起来,从中得到各种有用的数据。

(3)面向时间。自然界是随时间变化的,地理空间数据库中的数据需要随环境的变化而不断更新。在研究、分析问题时应结合历史数据和现状数据综合分析。

四、时空数据库

时空数据库是时态数据库(temporal database,TDB)与空间数据库(spatial database,SDB)的统一体。时空数据库是指随时间变化,地理实体的空间位置或范围随之发生改变的数据库系统。时空数据库的核心是时空数据模型。时空数据模型是以概念方式对客观世界的抽象,是一组由相关关系联系在一起的具有动态特性的实体集,通常由数据结构、数据操作和完整性约束三部分组成。自 1989 年时空数据模型开始研究以来,经过近 30 年的努力,相继产生了一大批理论成果,为时空数据库的研究奠定了理论基础。但"时态"+"空间"不等于"时空",两者很难简单地相加,因此,时空数据库的研究和应用仍是今后一段时间内的研究重点。

(一)时空数据库的研究内容

时空数据库的研究内容主要包括时空对象表达、时空数据建模、时空数据索引、时空数据查询、时空数据库体系结构等。同时,时空数据库原型系统、时空推理、时空查询代价模型等也为时空数据库的研究带来了一定的挑战。

(二)时空数据库的应用

时空数据库的应用是以支持时空对象及时空对象间联系为核心的复杂应用。根据所涉及的时空对象的类型,时空数据库的应用可分为以下三类:

(1)涉及连续移动的时空对象的应用。这种应用中,时空对象的位置随时间而连续变化,但形状不变,如飞机航线管理、车辆交通管理等。

(2)涉及离散变化的时空对象的应用。这种应用涉及的时空对象有一个空间位置,并且他们的空间属性,如形状和位置都可能随时间离散变化,如地表植被变化检测、地籍管理、农业管理等。

(3)涉及连续移动并且形状也同时变化的时空对象应用。这种应用一般与环境相关,如暴风雨的监视和预测、种群迁移、森林火灾监控等。

五、分布式空间数据库

分布式空间数据库(distributed spatial database,DSDB)是使用计算机网络把面向物理上分散,而管理和控制又需要不同程度集中的空间数据库连接起来,共同组成一个统一的数据库的空间数据管理系统。它由若干个站点集合而成,这些站点又称为节点,通过网络连接在一起。每个节点都是一个独立的空间数据库系统,都拥有各自的数据库和相应的管理系统及分析工具。整个数据库在物理上存储于不同的设备中,而在逻辑上则是一个统一的数据库。

分布式空间数据库系统具有可靠性、自治性、模块性、高效率和高可用性等特点。

六、多尺度空间数据库

"尺度"是空间数据表达的一个重要特征。从认知科学的角度,它体现了人们对空间事物、空间现象认知的广度与深度。一般来说,地学领域中的"尺度"概念是指研究对象在空间域上的延展范围或时间域上的覆盖区间。地图学与地理信息系统中的"尺度"被"比例尺"所取代。

在数据技术、网络传输、多媒体可视化等技术条件下,人们不再满足于静态、单一分辨率的空间表达,提出了从多角度、多视点、多层次对空间认知进行表达的要求,这就要求建立多尺度空间数据库,提供多尺度空间表达机制。因此,多尺度空间数据库势必成为今后空间数据库的发展方向之一。

职业能力训练

[训练一]

查找文献,收集有关空间数据库技术发展趋势的资料,撰写读书报告,就某一个具体方向谈谈自己的想法。

实训目的:了解空间数据库技术今后的发展趋势。

[训练二]

利用 ArcSDE 进行空间数据库连接。

实训目的:学习利用 ArcSDE 进行空间数据库连接的方法和步骤,能独立完成连接任务。

练习题

一、单项选择题

1. 下列选项中不属于空间数据来源的是(　　)。
　　A. 地图　　　　　　　　B. 遥感资料　　　　　C. 实测数据　　　　D. 实地照片
2. 下列选项中不属于空间数据库的特点的是(　　)。
　　A. 存储和管理海量数据的能力　　　　　　B. 支持存储文字、照片、声音、图像
　　C. 支持空间查询和空间分析　　　　　　　D. 图形数据和属性数据联合管理

3. 下列不适合直接采用关系数据库对空间数据进行管理说法错误的是( )。
    A. 传统数据库管理的是连续的相关性较小的数字或字符,而空间数据是连续的,并且有很强的空间相关性
    B. 传统数据库管理的实体类型较少,并且实体类型间关系简单固定,而 GIS 数据库的实体类型繁多,实体间存在着复杂的空间关系
    C. 传统数据库存储的数据通常为等长记录的数据,而空间数据的目标坐标长度不定,具有变长记录,并且数据项可能很多、很复杂
    D. 传统数据库只查询和操作数字和文字信息,而空间数据库需要大量的空间数据查询和操作

4. 下列关于各种数据模型说法错误的是( )。
    A. Shapefile 可以支持点、线、面等图形要素的存储,是一种比较原始的矢量数据存储方式,既能够存储几何体的位置数据,又可在一个文件中同时存储这些几何体的属性数据
    B. 可用 ArcCatalog 对 Shapefile 进行创建、移动、删除或重命名等操作,且 ArcCatalog 将自动维护数据的完整性,将所有文件同步改变
    C. Coverage 数据模型也被称为地理相关模型,它采用一种混合数据模型来定义和管理地理数据
    D. Coverage 要素的主要类型是点、弧、多边形和节点,具有拓扑关联;次要类型是控制点、连接和注释

5. 关于面向对象技术,下列说法错误的是( )。
    A. 一个对象只能由一个属性构成
    B. 类的内部包括属性和方法两个主要部分
    C. 一类对象可继承另一类对象的特性和能力
    D. 类给出了属于该类的全部对象的抽象定义,而对象则是符合这种定义的一个实例

二、填空题

1. 地理信息系统在计算机物理存储介质上存储和应用的相关地理空间数据的总和是_____。

2. 空间数据库管理系统能够提供必需的空间数据查询、_____和_____功能,以及能够对空间数据进行有效的维护和更新。

3. SDE 是_____的缩写。

4. ArcSDE 是一个用于访问存储于关系数据库管理系统中的海量多用户地理数据库的_____。

5. 地理信息系统数据库是某一区域内关于一定地理要素特征的_____。

6. 空间数据模型是对空间实体及其_____进行描述和表达的数学手段,使之能反映实体的某些_____和行为功能。

7. 空间数据结构是不同_____在计算机内的存储和_____。

8. 面向对象数据模型是一种_____的数据模型,在该数据模型中,用户可根据需要,自己定义新的数据类型及相应的_____。

9. GIS 关系型空间数据模型是以记录组或_____的形式组织数据,不分层也无指针,是建立空间数据和_____之间关系的一种非常有效的数据组织方法。

10. 面向对象数据模型为了有效地描述复杂的事物或现象,需要在更高层次上综合利用和管理多种_____和数据模型,并用_____的方法进行统一的抽象。

11. UML,即统一建模语言,是一种_____的建模语言,它运用统一的、标准化的标记和_____实现对软件系统进行面向对象的描述和建模。

12. 对象-关系数据库管理系统是将传统的关系数据库加以_____,增加面向对象特性,即支持已被广泛使用的_____,具有良好的通用性,又具有面向对象特性,支持复杂对象和复杂对象的复杂行为,适应了新应用领域的需要和传统应用领域发展的需要。

14. 地理信息系统是用于采集、模拟、处理、检索、分析和表达地理空间数据的计算机信息系统,可以作为_____的前端。

15. 空间查询是利用_____机制,从数据库中找出符合该条件的空间数据。包括几何查询、_____和时态查询等。

16. 空间数据的基本特征包括_____、_____、_____。

17. 按照表达和位置相关的维度划分,空间数据有四种基本类型:_____、_____、_____和_____。

18. Geodatabase 采用层次结构来组织地理数据,这些数据包括_____、_____和_____。

19. ArcSDE 空间数据库引擎采用三层体系结构:_____、_____和_____。

三、问答题

1. 什么是空间数据?空间数据有哪些特征?

2. 空间数据的来源主要有哪些?它们分别用什么数据结构来存储和表达?

3. 什么是空间数据库?空间数据库具有哪些特点?

4. 什么是面向对象的数据模型?

5. 简述 Geodatabase 数据模型的体系结构及其三种存储方案。

6. 空间数据管理模式经历了哪些阶段?

7. 什么是空间数据库引擎?空间数据库引擎的作用是什么?

项目五 空间数据库设计

[项目概述]

本项目首先介绍空间数据库设计的概念及主要步骤;基于用户需求分析,介绍了概念模型设计、逻辑模型设计、信息分类分级及属性编码设计的方法和步骤,对设计过程中的重难点进行详细阐述。通过实验案例,进一步说明空间数据库设计的详细过程。

[学习目标]

理解并掌握空间数据库设计的内容;理解用户需求分析在空间数据库设计中的地位和作用,熟知需求分析的任务,能够选择合适的需求分析方法完成用户需求分析工作;理解概念模型设计的目标和任务,掌握设计步骤和方法,能够利用 Visio 软件进行 E-R 模型设计;掌握概念模型向逻辑模型转换的主要方法,能根据 E-R 模型,使用 ArcGIS Diagrammer 构建空间数据库;掌握属性编码的方法。

任务一 空间数据库设计概述

[任务概述]

空间数据库设计,是指将自然界中的地理实体抽象为计算机能够处理的空间数据模型,通过一系列转换,表达为数据库对象的过程。空间数据库设计是空间数据库应用系统开发过程中最基本和最重要的内容,是建立空间数据库的基础和核心。

由于空间数据库主要涉及自然地理实体,在概念模型设计、逻辑模型设计等方面有其特殊性,因此本书会重点介绍空间数据库的概念模型设计、逻辑模型设计,如存在和关系数据库有共性的内容,则不再赘述。

一、空间数据库设计的内容

从计算机科学的角度出发,空间数据库设计包含两个方面:结构特性设计和行为特性设计。

(一)结构特性设计

结构特性设计主要指根据不同的应用专题和用户需求,确定最优的空间数据模型、空间数据结构、存取方法等,建立能反映现实世界地理实体间的联系,能实现系统目标并有效存取、管理空间数据的数据库系统。

空间数据库应用系统中存储着海量的空间数据,数据量大且数据间的联系复杂,因此空间数据库结构设计的好坏,将直接影响空间数据库系统的性能和效率。结构设计要满足如下要求:能正确反映客观事物,能满足不同用户对数据的需求,具有较高的数据独立性和共享性,冗余度小,能够维护数据的完整性。

(二)行为特性设计

行为特性设计主要指设计出的数据库应满足数据的完整性约束、安全性控制、并发控制、数据的备份和恢复等要求。

二、空间数据库设计的步骤

空间数据库建设是一项软件工程,其设计和开发过程要遵循软件工程的基本原则和方法。在具体设计时应充分考虑数据库应用,在用户需求分析的基础上,进行概念模型设计、逻辑模型设计、物理模型设计等。

由于物理模型设计主要指数据库在物理设备上的存储结构和存取方法,依赖于给定的计算机系统,一般空间数据库系统建设不涉及,因此本书不做内容上的详细介绍。

三、空间数据库设计人员

空间数据库设计人员主要包括系统分析员、数据库设计员、用户、数据库管理员等。系统分析员和数据库设计员是数据库设计的核心人员,将参与空间数据库设计的整个过程,这就要求他们不但要懂空间数据库的基本知识,而且要有相关应用专题领域的基本知识,并且掌握一定的数据库系统开发原理和方法。系统分析员和数据库设计员的水平直接决定了空间数据库系统的质量。用户和数据库管理员主要参与需求分析和数据库的日常运行维护,有他们参与其中,不但可以加快数据库设计的速度,而且可以提高设计质量。

任务二　需求分析

[任务概述]

用户需求分析是开展数据库设计工作的第一步。在这一阶段,用户需求经过汇总、分类、评估、筛选和确认后,形成完整设计的文档,其中要详细说明项目必须或应当做什么,怎么做等。需求分析是整个空间数据库设计的基础,这一阶段工作做得是否充分与准确,决定了整个系统开发的速度和质量。如果需求分析有误,则以它为基础的整个数据库设计将可能返工重做。由此可见,需求分析在空间数据库设计过程中非常重要。

需求分析的主要参与者是系统分析员、数据库设计员和用户。系统分析员和数据库设计员希望通过需求分析,认识、理解和掌握与用户目标一致的基本需要,有针对性地收集资料,对即将建设的空间数据库系统做出正确、合理的分析,并设计出可行、有效的方案;而用户则希望通过空间数据库的实施达到应用目的的。

一、需求分析的任务

需求分析的任务是通过对现实世界要处理的对象进行详细调查,以确定空间数据库内容的过程。即通过各种调查方式进行调研,对调查结论进行分析,逐步明确用户对数据库的应用需求。

需求分析不仅要收集数据的型(包括数据的名称、数据类型、字段长度等),而且还要收集与数据库运行效率、安全性、完整性有关的信息,包括数据使用频率、数据间的联系及对数据操作时的保密要求等。对于空间数据库来说,还要收集在使用数据库过程中所需要的图形与属性逻辑一致性、空间关系逻辑一致性、地理信息编码参照完整性等方面的问题。例如:在地籍空间数据库中,要求宗地面积与图形面积必须一致,即图形与属性的一致性;要求房屋必须位于宗地内，即房屋与宗地的空间关系逻辑一致性。

通过调查、收集与分析，获得用户对空间数据库的如下要求：

(1)信息要求，指用户需要从数据库中获得信息的内容与性质。由信息要求可以导出数据要求，即在数据库中需要存储哪些数据。

(2)处理要求，指用户要完成什么处理功能，对处理的响应时间有什么要求等。

(3)安全性与完整性要求，明确用户对数据库安全性方面的有关要求，明确对数据项及数据内容的完整性要求。

(4)一致性要求。空间数据库存储的是与地理位置相关的空间数据，因此必须明确用户对于不同地理空间实体的图形和属性的逻辑一致性要求、空间关系逻辑一致性要求等。

确定用户的最终需求是一件很困难的事，这是因为一方面用户缺少计算机或测绘地理信息知识，无法确定计算机究竟能为自己做什么、不能做什么，因而通常不能准确地表达自己的需求，且所提出的需求也会经过不断更改；另一方面，设计人员缺少用户的业务知识，不易理解用户的真正需求。因此，用户需求分析是一个反复沟通、调研、修改、论证的过程。

二、需求分析的步骤

在具体实施过程中，需求分析可以按照以下三个步骤来进行。

(一)需求收集

需求收集，即了解空间数据库建设的整体要求。如开展土地利用规划数据库需求分析，首先需要了解该数据库的主要用户，即国土资源行政管理部门的工作职能、具体应用部门等；其次要了解数据库的用途、土地利用规划的相关法律法规和技术规范等，进而明确数据的业务流向，得到分析结果。

在开展用户基本需求分析调研之前，应事先将各种问题以表格、问卷或其他书面形式列出，以便更好地与用户进行讨论交流。在调研过程中应注意以下几个方面：

(1)避免不必要的细节，着重了解预定的内容。

(2)整个访谈应由参与空间数据库建设的专业技术人员掌握，控制进度，保持良好的访谈气氛。

(3)尽可能在对方的工作单位进行，以便对方可以随时提供必要的数据资料。

(4)请对方告知轻重次序，以便在实施过程中决定执行次序。

(5)注意负面意见，但不要急于作答。

(6)不熟悉的领域可以使用录音、录像、拍照等方式记录。

(二)分析整理

分析整理阶段要把收集到的信息转化为下一阶段设计可用的形式。主要工作为业务流程分析，该工作可以采用数据流分析法，分析结果以数据流程图表示，并整理出以下文档：

(1)数据和业务活动清单。主要列出每个部门的基本工作任务，包括任务的定义、操作类型，以及涉及的数据等。

(2)数据的完整性、一致性、安全性等文档。

(三)编制需求分析报告

将多次讨论的问题整理成一份详尽的《用户需求分析报告》，该报告中包括需求分析的目标、任务、具体需求说明、系统功能与性能、运行环境等，是需求分析的最终成果。为避免造成严重的疏漏和错误,保证设计质量,应邀请项目组以外的专家和主管部门负责人对需求分析报告进行审核。

三、需求分析的方法

为了准确了解用户的实际需求,可以采用以下方法进行需求调查:

(1)跟班作业。通过亲身参加业务工作来了解业务活动的情况。这种方法可以比较准确地理解用户的需求,但费时。

(2)召开座谈会。通过与用户座谈来了解业务活动的情况及需求。

(3)专人介绍。请业务部门的负责人或主管领导介绍业务活动的情况。

(4)咨询。对调查中存在的某些问题,有针对性地找专人咨询。

(5)调查问卷。如果调查问卷设计的合理,这种方法很有效且易于被用户接受。

(6)查阅文献。查阅与系统建设有关的已有文献资料。

在需求调查的过程中,往往需要同时采用上述多种方法,并使用户积极参与配合,才能取得良好的效果。

任务三　概念模型设计

[任务概述]

概念模型设计,是对用户需求信息的综合分析、归纳,确定实体、属性及联系,形成一个不依赖于空间数据库管理系统的信息结构设计。它是从用户的角度对现实世界的一种信息描述,因而不依赖于任何空间数据库软件和硬件环境。概念模型是对现实世界抽象产生的通用信息模型,独立于系统实现的细节。概念模型应接近现实世界,结构稳定,用户容易理解,能准确地反映用户的信息需求。

概念模型设计是逻辑模型设计和物理模型设计的基础,是空间数据库设计的重要环节,概念模型设计不合理、不充分,则会造成数据组织混乱和低效。

一、概念模型设计的目标和任务

概念模型设计的目标是产生反映系统信息需求的数据库概念模型,即概念模型。在进行概念模型设计时,应从用户的角度看待数据及数据处理的要求和约束,产生一个反映用户观点的概念模型,然后把概念模型转化为逻辑模型。

概念模型设计结果应具有以下几个特点:

(1)具有丰富的语义表达能力。概念模型应全面表达用户的需求,准确地反映现实世界中各种数据及数据之间的联系,反映用户对数据的处理要求等。

(2)易于交流和理解。概念模型是设计人员和用户之间主要的交流工具,因此要易于与不熟悉相关专业技术的用户交换意见。

(3)易于修改。在应用环境和系统需求发生变化时,概念模型能灵活地进行修改和扩充,以适应用户需求和环境的变化。

(4)易于向各种数据模型转换。概念模型设计的最终目的是向某种数据库管理系统支持的数据模型转换,以便建立数据库。

概念模型的表示方法很多,其中最著名、最常用的表示方法为实体-联系(entity-relationship)方法,也称 E-R 模型,该模型采用图形化的方法进行描述和表达。

二、E-R 模型的基本要素与表示方法

(一)E-R 模型的基本要素

1. 实体

客观存在并可相互区别的事物或现象称为实体。识别实体类型是建立 E-R 模型的起点。在地理空间中,实体的特征至少由空间位置参考信息(空间特征)和非空间位置属性信息(非空间特征)两个部分组成。空间特征描述实体的位置、形状,在模型中表现为一组几何实体;非空间特征描述实体的名字、长度等与空间位置无关的属性。

实体类型是对实体的抽象,表示一类相似的对象集合。同一实体类型具有相同属性,也具有共同的特征和性质,称之为实体集。建立 E-R 模型,首先要从现实地理空间世界中识别出不同的实体类型。例如,要设计一个土地利用规划数据库,首先需要识别出各种土地利用要素,包括行政区划、权属区、地形、土地利用类型、道路、河流、湖泊等。这些土地利用要素实际上是一些实体的集合,即实体类型。上述例子中,提到的一些实体类型可具体描述为某个城镇、某个行政村、某个高程点、某个图斑、某条道路、某条河流等。实体类型是实体的抽象,而不是具体的某个实体。例如,对于城镇实体类型,可能有海口镇、朱仙镇等城镇类型的实例,这里我们统称为实体。

2. 联系

实体类型之间通常具有某些相互关系,这种关系称为联系。例如,有居民地和线状地物(线状地物是图上宽度小于 2 mm 的用单线符号表示的地物)两种实体类型,那么居民地中的某个实体,如某个城镇是否位于某条道路上,这可以抽象为“位于”联系。

联系类型分为一对一(1∶1)联系、一对多(1∶n)联系、多对多(m∶n)联系。例如,省级行政区划和省会两个实体间的联系是 1∶1 联系,即一个省只能有一个省会城市,而一个省会城市只能属于一个省;不同等级的行政区划实体间是一对多的联系,即一个市对应有多个县,一个县有多个镇,一个镇有多个村;地力等级与耕地类型之间是多对多的联系,即同一种地力等级既可以是旱地,也可以是水田,而同一种耕地类型也可以有多种地力等级。

3. 属性

为了清晰地表达现实地理世界,实体和联系还需要有必要的属性。例如,城镇实体类型有城镇名称、编号、人口数、行政区代码等属性,道路实体类型有道路名称、编号、类型、长度等属性;表示城镇实体类型与道路实体类型之间相互关系的“位于”联系类型有长度(记录穿过城镇的道路长度)和空间关系(记录道路从市中心穿过还是从外围绕过)等属性。

(二)E-R 模型的表示方法

E-R 模型主要由实体、属性、联系组成。实体用矩形表示;属性用椭圆表示,并用直线与表示实体的矩形相连;联系用菱形表示,联系的类型(1∶1、1∶n、m∶n)标注在菱形的两侧;唯一标识符(主键)属性加下划线,如图 5-1 所示。

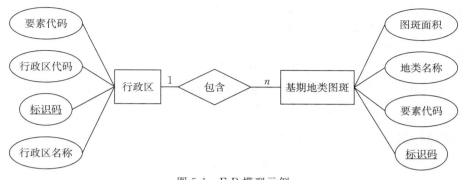

图 5-1　E-R 模型示例

三、E-R 模型的设计方法与步骤

(一)设计方法

设计 E-R 模型可采用以下四种方法:

(1)自顶向下。先定义全局 E-R 模型,再逐步细化。

(2)自底向上。先定义各个局部 E-R 模型,然后将它们集成为全局 E-R 模型。

(3)逐步扩张。先定义最重要的核心 E-R 模型,然后向外扩充,以滚雪球的方式逐步生成其他 E-R 模型。

(4)混合策略。该方法采用自顶向下和自底向上相结合的方法,先自顶向下定义全局 E-R 模型,再以它为骨架集成自底向上方法中设计的各个局部 E-R 模型。

在实际应用中,最常用的方法是自底向上法。

(二)设计步骤

以下主要介绍自底向上法的设计步骤。

1. 设计局部 E-R 模型

根据需求分析结果对现实世界进行抽象,设计各个局部 E-R 模型。设计局部 E-R 模型的关键是合理地划分实体、定义实体属性、确定实体间的关系等。

2. 设计全局 E-R 模型

该步骤将所有的局部 E-R 模型合并成一个全局 E-R 模型。其基本过程是两两合并,直到所有的局部 E-R 模型被合并到一个完整的全局 E-R 模型中。在合并过程中,两个模型之间可能存在冲突,需要识别、消除冲突。三类基本的冲突是命名冲突、属性冲突和结构冲突。

(1)命名冲突,包括实体类型名、联系类型名之间异名同义,或异义同名等。

(2)属性冲突,包括属性域冲突和属性取值单位冲突。属性域冲突主要指属性值的类型、取值范围或取值集合不同。例如,"长度"属性有的定义为字符型,有的定义为数值型。属性取值单位冲突主要指属性字段值的单位不同,如面积字段,有的以公顷为单位,有的以亩为单位。以上冲突均会导致数据库应用阶段的某些错误产生。

(3)结构冲突,包括三种情况:①不同局部 E-R 模型中同一实体类型的属性个数不同或排列顺序不同;②同一联系在不同的局部模型中采用了不同的类型,例如,在一个模型中是一对多关系,而在另一个模型中则是多对多关系;③同一实体在两个模型中具有不同的抽象,例如,在一个模型中表示为实体,在另一个模型中表示为属性。

在合并过程中,应根据实际应用需求对 E-R 模型进行各种操作。如实体的分裂和合并,联系的分裂和合并,实体和联系的增加、删除,实体和属性的转位等。

3. 全局 E-R 模型的优化

一个好的全局 E-R 模型不仅能正确刻画现实世界,还应满足下列条件:实体类型个数尽可能少,实体类型间联系无冗余,实体类型包含的属性尽可能少。全局 E-R 模型的优化即通过消除冗余实体、冗余联系和冗余属性达到以上三个要求。

四、空间数据库概念模型设计的步骤

空间数据库的概念模型设计可按以下步骤展开。

(一)确定明确的应用领域,以便于确定系统边界

应用领域越明确,相应的模型就越简单。如土地利用规划数据库,其应用领域是土地利用管理等。若数据库包含多个应用领域,则需要对各个应用领域分开处理。

(二)确定用户需求

每个应用领域都有特定的用户需求,如完成某项任务、生产某种产品等。如土地利用审批、规划、监察,都以特定的数据为依据,并产生相应的宗地图、土地利用现状图、土地利用规划图等。

(三)选择对象

根据用户需求,确定空间数据库应包含哪些对象。

(四)定义对象和属性

确定对象及其属性,具体包括指定名称、定义、描述属性等。下面以地类图斑要素类为例进行说明。

(1)对象类型:地类图斑。

(2)定义:被行政区界线、权属界线及单一线状地物分割的单一地类地块。

(3)属性:标识码、要素代码、土地用途区类型代码、土地用途区编号、面积等。

(五)调整对象

当对象较多时,对象的划分及其定义难免有矛盾和冲突之处,这就需要进行调整。对象调整后,其属性也应进行相应的调整。

(六)几何表示

确定对象的几何表示类型,以及使用哪些基本几何要素。原则上,空间数据库的应用领域决定了对象的几何表示,即选择以矢量数据结构来表示还是以栅格数据结构来表示。

(七)定义关系

除实体对象之间的 1:1、1:n、m:n 关系外,在空间数据库中,还要考虑实体关系中的空间特性,主要有以下三种:

(1)对象之间的组成关系。例如,省由县市组成、县市由镇组成等。

(2)对象之间的继承关系。例如,在已有的水体对象基础上,可以有河流、湖泊等继承对象。

(3)对象之间的拓扑关系。例如,某个地址与某条街道关联,某个阀门位于某条管道上,某个建筑物位于某个宗地上,某两个宗地彼此相邻等。

有些关系(如拓扑关系)可以通过计算得到,而有些只能作为属性录入。根据用户需求进

一步分析各种关系,决定哪些关系必须被描述和表示在数据库中,而不使用的关系则不需要描述在数据库中,以免造成数据冗余。

(八)确定质量标准

确定数据的质量标准,主要包括:空间位置精度、属性精度、空间分辨率、空间数据和属性数据连接的一致性、现势性、内容完整性和空间范围上的覆盖等内容。

(九)编制主键

设计用于联系几何和属性之间关系的属性字段(如标识符),将该属性字段定义为对象的主关键字,即主键。

任务四 逻辑模型及属性编码设计

[任务概述]

逻辑模型设计的任务是将概念模型设计阶段设计的 E-R 模型转换为地理空间数据库支持的地理空间数据模型。本任务以土地利用总体规划数据库建设为例,介绍逻辑模型和属性编码设计的方法和步骤。

土地利用总体规划数据库建设的首要目的是存储土地利用总体规划修编成果。因此,建库工作必须在充分研究土地利用总体规划内容的基础上进行。我国的土地利用总体规划按行政区划分为国家级、省级、市级、县级、乡(镇)级五级规划体系,实行自上而下逐级控制。其中,乡(镇)规划作为最基础一级的规划,是数据库建设和应用的重点。

国家编制土地利用总体规划是通过规定土地用途这一手段,将土地分为农用地、建设用地和未利用地,达到限制农用地转为建设用地、控制建设用地总量、对耕地实行特殊保护的目的。

一、逻辑模型设计

在需求分析和概念模型设计的基础上,进行如下的关系模型设计。

(一)实体转换为关系表

分析各实体要素的属性,确定其主键,分别用关系模式表示。本书仅列出部分要素的关系模式,详细内容可参考《乡(镇)土地利用总体规划数据库标准》(TD/T 1028—2010)。

境界与行政区:

行政区(标识码,要素代码,行政区代码,行政区名称)
行政区界线(标识码,要素代码,界线类型,界线性质)

地貌:

等高线(标识码,要素代码,等高线类型,标示高程)
高程注记点(标识码,要素代码,标示高程)

基期现状类:

基期地类图斑(标识码,要素代码,地类名称,图斑面积)
基期线状地物(标识码,要素代码,地类名称,线状地物长度)
基期零星地物(标识码,要素代码,地类名称,零星地物面积)
基期地类界线(标识码,要素代码)

在上述关系模式中,下划线代表的属性字段是主键。

(二)联系转换为关系表

由联系转换得到的关系模式的属性集中,包含两个发生联系的实体中的主键及联系本身的属性,其自身主键的确定与联系的类型有关。例如,基期地类图斑必须包含在一定的行政区内,行政区与基期地类图斑、基期线状地物、基期地类界线是一对多的联系,因此,在转换为关系模式时,需要在基期地类图斑、基期线状地物、基期地类界线中加入"行政区代码"字段。结果如下:

> 基期地类图斑(标识码,要素代码,行政区代码,地类名称,图斑面积)
> 基期线状地物(标识码,要素代码,行政区代码,地类名称,线状地物长度)
> 基期地类界线(标识码,要素代码,行政区代码)

(三)关系表设计

逻辑模型设计的结果是构造出各要素层的属性结构表。由于篇幅关系,本书只列出部分属性结构描述表,如表 5-1～表 5-8 所示,详细内容可参考《乡(镇)土地利用总体规划数据库标准》。

表 5-1　行政区属性结构描述表(表名:XZQ)

序号	字段名称	字段代码	字段类型	字段长度	值域
1	标识码	BSM	Int	10	>0
2	要素代码	YSDM	Char	10	见表 5-11
3	行政区代码	XZQDM	Char	12	非空
4	行政区名称	XZQMC	Char	100	非空

表 5-2　行政区界线属性结构描述表(表名:XZQJX)

序号	字段名称	字段代码	字段类型	字段长度	值域
1	标识码	BSM	Int	10	>0
2	要素代码	YSDM	Char	10	见表 5-11
3	界线类型	JXLX	Char	6	见表 5-12
4	界线性质	JXXZ	Char	6	见表 5-13

表 5-3　等高线属性结构描述表(表名:DGX)

序号	字段名称	字段代码	字段类型	字段长度	值域	备注
1	标识码	BSM	Int	10	>0	
2	要素代码	YSDM	Char	10	见表 5-11	
3	等高线类型	DGXLX	Char	6	见表 5-14	
4	标示高程	BSGC	Int	4		单位:m

表 5-4　高程注记点属性结构描述表(表名:GCZJD)

序号	字段名称	字段代码	字段类型	字段长度	小数位数	值域	备注
1	标识码	BSM	Int	10		>0	
2	要素代码	YSDM	Char	10		见表 5-11	
3	标示高程	BSGC	Float	7	2		单位:m

表 5-5　基期地类图斑属性结构描述表（表名：JQDLTB）

序号	字段名称	字段代码	字段类型	字段长度	小数位数	值域	备注
1	标识码	BSM	Int	10		＞0	
2	要素代码	YSDM	Char	10		见表 5-11	
3	行政区代码	XZQDM	Char	12		非空	
4	地类名称	DLMC	Char	30		非空	
5	图斑面积	TBMJ	Float	16	2	＞0	单位：m²

表 5-6　基期线状地物属性结构描述表（表名：JQXZDW）

序号	字段名称	字段代码	字段类型	字段长度	值域	备注
1	标识码	BSM	Int	10	＞0	
2	要素代码	YSDM	Char	10	见表 5-11	
3	行政区代码	XZQDM	Char	12	非空	
4	地类名称	DLMC	Char	30	非空	
5	线状地物长度	XZDWCD	Float	16	＞0	单位：m

表 5-7　基期零星地物属性结构描述表（表名：JQLXDW）

序号	字段名称	字段代码	字段类型	字段长度	小数位数	值域	备注
1	标识码	BSM	Int	10		＞0	
2	要素代码	YSDM	Char	10		见表 5-11	
3	地类名称	DLMC	Char	30		非空	
4	零星地物面积	LXDWMJ	Float	16		＞0	单位：m²

表 5-8　基期地类界线属性结构描述表（表名：JQDLJX）

序号	字段名称	字段代码	字段类型	字段长度	值域
1	标识码	BSM	Int	10	＞0
2	要素代码	YSDM	Char	10	见表 5-11
3	行政区代码	XZQDM	Char	12	非空

二、信息分类与分级

（一）信息分类

1. 分类的基本原则

分类是将具有相同属性或特征的事物或现象按照一定的原则归并在一起，而把不同属性或特征的事物或现象分开的过程。空间数据的分类，是根据系统的功能及相应的国际、国家和行业空间信息分类规范和标准，将具有不同空间特征和语义的空间要素区别开来的过程，其目的是在空间数据的逻辑模型上将数据组织为不同的信息层并标识空间要素的类别。空间信息的分类原则为：

（1）科学性。应选择事物或现象最稳定的属性和特征作为分类的依据。满足所涉及学科的科学分类方法，能反映同一类型中不同的级别特点。

（2）系统性。应形成一个分类体系，低级的类应能归并到高级的类中。

（3）可扩展性。编码的设置应留有扩展的余地，避免因新对象的出现导致原编码系统失效，造成编码错乱现象；应能容纳新增加的事物和现象，而不至于打乱已建立的分类系统。

（4）实用性（简洁性）。在满足国家标准的前提下，每一种编码应以最小的数据量载负最大的信息量。

（5）兼容性（标准化、通用性）。分类应与相关标准协调一致，有国家或行业标准的要按标准进行，没有标准的必须考虑在有可能的条件下实现标准化。

（6）一致性。对编码所定义的同一专业名词，术语必须是唯一的。

2. 分类的方法

对地理信息的分类一般包括线分类法（层次分类法）和面分类法（多源分类法）。

（1）线分类法。线分类法是按选定的若干属性或特征将分类对象逐次地分为若干个层级目录，每个层级目录又分为若干类目。统一分支的同层级类目之间构成并列关系，不同层级类目之间构成隶属关系。同层级类目互不重复，互不交叉。如图 5-2 所示，土地利用类型即是采用线分类法进行编码。

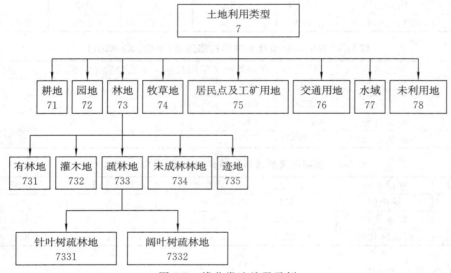

图 5-2　线分类法编码示例

（2）面分类法。面分类法是将拟分类的对象根据其本身的属性或特征，分为相互之间没有隶属关系的若干方面，简称面，每个面中又可以分为许多彼此独立的若干个类目。使用时，可根据需要将每个面中的类目与另一个面中的类目组合在一起，形成复合类目。表 5-9 为河流的分类和编码方案，例如，111115412 表示：平原河，常年河，通航河，树状河，等级一级，主流长 10 km 以上，宽 30～60 m，河流间最短距离 50 m，河流弯曲，2.5 km 的弯曲平均值＞40 m，弯曲的平均深度＞50 m、平均宽度＞75 m。面分类法具有较大的信息载负量，对空间信息进行综合分析。在实际工作中，可根据需要将线分类法和面分类法结合使用，以达到理想效果。例如，在全国第二次土地利用调查，土地利用数据库要素分类中，大类采用面分类法，小类以下采用线分类法。

线分类法和面分类法的对比如表 5-10 所示。

表 5-9　河流的分类和编码方案

标志编号									分类
I	II	III	IV	V	VI	VII	VIII	IX	
1									平原河
2									过渡河
3									山地河
	1								常年河
	2								时令河
	3								消失河
		1							通航河
		2							不通航河
			1						树状河
			2						平行河
			3						筛状河
			4						辐射河
			5						扇形河
			6						迷宫河
				1					主（要河）流：一级
				2					支　　　流：二级
				3					三级
				4					四级
				5					五级
				6					六级
				7					七级
					1				河长：一组——1 km 以下
					2				二组——2 km 以下
					3				三组——5 km 以下
					4				四组——10 km 以下
					5				五组——10 km 以上
						1			河宽：一组——5～10 m
						2			二组——10～20 m
						3			三组——20～30 m
						4			四组——30～60 m
						5			五组——60～120 m
						6			六组——120～300 m
						7			七组——300～500 m
						8			八组——500 m 以上
							1		河流间的最短距离 50 m
							2		50～100 m
							3		100～200 m
							4		200～400 m
							5		400～500 m
							6		500～1 000 m
							7		1 000～2 000 m

标志编号									分类			
I	II	III	IV	V	VI	VII	VIII	IX				
										弯曲度:2.5 km 弯曲	深度 m	宽度 m
									1	>40	>50	>50
									2	>40	>50	>75
									3	>25	>50	>75
									4	>25	>50	>100
									5	<25	>75	>150

表 5-10　两种地理信息分类方法比较

方法	原则	优点	缺点
线分类法	1. 由某一上位类划分出的下位类类目的总范围应与其上位类类目范围相等 2. 当一个上位类类目划分为若干个下位类类目时,应选择一个划分标准 3. 同位类目之间不交叉、不重复,并只对应一个上位类 4. 分类要依次进行,不应有空层或加层	1. 层次性好,能较好地反映类目之间的逻辑关系 2. 使用方便,既符合手工处理信息的传统习惯,又便于计算机处理信息	1. 结构弹性较差,分类结构一经确定,就不易改动 2. 效率较低,当分类层次较多时,代码位数较长
面分类法	1. 选择分类对象本质的属性或特征作为各个面 2. 不同面内的类目不应相互交叉,不能重复出现 3. 每个面有严格的固定位置 4. 面的选择及位置的确定,根据需要而定	1. 有较大弹性,一个面内的类目改变,不影响其他的面 2. 适应性强,可视需要组成任何类目 3. 易于添加和修改类目	1. 不能充分利用容量,可组配的类目很多,但实际应用的类目不多 2. 难以手工处理信息

(二)信息分级

分级是对事物或现象的数量或特征进行等级的划分,主要包括确定分级数和分级界限。

1. 确定分级数的基本原则

(1)分级数应符合数值估计精度的要求。分级数多,数值估计的精度就高。

(2)分级数应顾及可视化的效果。等级的划分在 GIS 中要以图形的方式表示出来,根据人对符号等级的感受,分级数应在 4～7 级。

(3)分级数应符合数据的分布特征。对于呈明显聚群分布的数据,应以数据的聚群数作为分级数。

(4)在满足精度的前提下,应尽可能选择较少的分级数。

2. 确定分级界线的基本原则

(1)保持数据的分布特征。使各级内部差异尽可能小,各级之间的差异尽可能大。

(2)在任何一个等级内部都必须有数据,任何数据都必须落在某一个等级内。

(3)尽可能采用有规则变化的分级界线。

3. 分级的基本方法

分级时大多采用数学方法,如数列分级、最优分割等级等。若有统一标准的分级方法,则应采用标准的分级方法。

三、地理信息属性编码方法

编码是将分类的结果用一种易于被计算机和人识别与处理的符号体系表示出来的过程。

(一)代码的功能

代码的功能主要有:

(1)鉴别。代码代表对象的名称,是鉴别对象的唯一标识。

(2)分类。当按对象的属性分类,并分别赋予不同的类别代码时,代码又可作为区分分类对象类别的标识。

(3)排序。当按对象产生的时间、所占的空间或其他方面的顺序关系排列,并分别赋予不同的代码时,代码又可作为区别对象排序的标识。

(二)代码的类型

代码的类型是指代码符号的表示形式,有数字型、字母型、数字和字母混合型三类。

数字型代码是用一个或多个阿拉伯数字表示对象的代码。其特点是结构简单、使用方便、易于排序,但对对象的特征描述不直观。

字母型代码是用一个或多个字母表示对象的代码。其特点是比同样位数的数字型代码容量大,还可以提供便于识别的信息,易于记忆,但比同样位数的数字型代码占用更多的计算机空间。

数字和字母混合型代码是由数字、字母、专用符组成的代码。该代码兼有数字型和字母型的优点,结构严密,直观性好,但组成形式复杂,处理麻烦。

(三)空间数据库中代码的种类

空间数据库中的代码可以分为分类码和标识码两种。

分类码是根据地理信息分类体系设计出的各专业信息的分类代码,用于标识不同类别的数据,根据它可以从数据中查询出所需类别的全部数据。例如,按照土地资源的利用类型,耕地的分类代码为01,交通运输用地的分类代码为10。

标识码是在分类码的基础上,对每类数据设计出全部或主要实体的标识码,用其对应某一类数据中的某个实体,如一个居民地、一条河流、一条道路等,进行个体查询检索,从而弥补分类码不能进行个体分离的缺陷。标识码是联系实体的几何信息和属性信息的关键字。

(四)编码的基本原则

编码的基本原则主要有以下几个:

(1)唯一性,一个代码只能唯一地表示一类对象。

(2)合理性,代码的结构要与分类体系相适应。

(3)可扩展性,代码必须留有足够的空间,以适应扩充的需要。

(4)简单性,代码结构应尽量简单,长度应尽量短。

(5)适用性,代码应尽可能反映对象的特点,以便于记忆。

(6)规范性,代码的结构、类型、编写格式必须统一。

（五）编码方法

在属性数据分类编码过程中，应力求规范化、标准化。有可遵循标准的尽量按照标准执行，若没有适用的标准可遵循，则按照以下编码方法进行：

（1）列出全部地理要素清单。

（2）拟定各类要素分类、分级原则和指标，将地理要素分类分级。

（3）拟定分类代码系统。

（4）设定代码及其格式。设定代码使用的字符和数字、码位长度、码位分配等。

（5）建立代码和编码对象的对照表。这是编码的最终成果档案，是数据输入计算机进行编码的依据。

编码过程如图 5-3 所示。

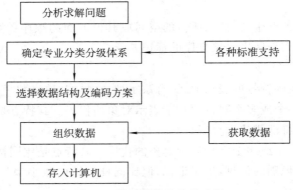

图 5-3　属性数据的编码过程

四、乡（镇）土地利用总体规划数据库信息分类与编码

（一）乡（镇）土地利用总体规划数据库信息分类

乡（镇）土地利用总体规划数据库包括基础地理信息要素、土地信息要素中的土地利用规划要素等。要素分类大类采用面分类法，小类以下采用线分类法。根据分类编码通用的原则，依次按大类、小类、一级类、二级类、三级类、四级类划分，分类代码由十位数字层次码组成，结构如下：

其中：

（1）大类码为专业代码，设定为两位数字码，基础地理专业为 10，土地专业为 20。

（2）小类码为业务代码，设定为两位数字码，土地利用规划的业务代码为 03。

（3）一至四级类码为要素分类代码，一级类和二级类要素代码分别为两位数字码，三级类和四级类要素代码分别为一位数字码，空位以 0 补齐。

（4）基础地理信息要素的一级类码、二级类码、三级类码和四级类码引用《基础地理信息要素分类与代码》(GB/T 13923—2006)。

数据库要素与代码如表 5-11 所示。

表 5-11　数据库要素与代码表

要素代码	要素名称
1000000000	**基础地理信息要素**
1000600000	**境界与行政区**
1000600100	行政区
1000600200	行政区界线
1000700000	**地貌**
1000710000	等高线
1000720000	高程注记点
2000000000	**土地信息要素**
2003000000	**土地利用规划要素**
2003010000	**基期现状要素**
2003010100	基期地类图斑
2003010300	基期线状地物
2003010500	基期零星地物
2003010700	基期地类界线要素
2003020000	**目标年规划要素**
2003020100	**土地用途区要素**
2003020110	土地用途区
2003020200	**规划地类要素**
2003020210	土地规划地类
2003020300	**规划基本农田要素**
2003020310	规划基本农田保护区
2003020330	规划基本农田调整
2003020400	**建设用地空间管制要素**
2003020410	建设用地管制边界
2003020420	建设用地管制区
2003020500	**土地整治要素**
2003020510	土地整治重点区域
2003020530	村镇建设控制区
2003020550	基本农田整备区
2003030000	**规划基础信息要素**
2003030100	风景旅游资源
2003030200	基础设施
2003030210	面状基础设施
2003030220	线状基础设施
2003030230	点状基础设施
2003030300	主要矿产储藏区
2003030400	蓄滞洪区
2003030500	地质灾害易发区
2003039900	其他规划基础信息要素

要素代码	要素名称
2003060000	**规划栅格图要素**
2003060100	土地利用现状图
2003060200	土地利用总体规划图
2003060500	建设用地管制和基本农田保护图
2003060600	土地整治规划图
2003069900	其他规划图件

注1：表中基础地理信息要素第5位至第10位代码参考《基础地理信息要素分类与代码》。

注2：行政区、行政区界线与行政区注记要素参考《基础地理信息要素分类与代码》的结构进行扩充，各级行政区的信息使用行政区与行政区界线属性表描述。

(二)乡(镇)土地利用总体规划数据库属性编码

根据属性编码的原则和方法，乡(镇)土地利用总体规划数据库各要素类的属性编码如下。表5-12～表5-15列举了部分要素类的属性编码方案以供参考，详细编码方案请参考《乡(镇)土地利用总体规划数据库标准》。

表5-12　界线类型代码表

代码	界线类型
250200	海岸线
250201	大潮平均高潮线
250202	零米等深线
250203	江河入海口陆海分界线
620200	国界
630200	省、自治区、直辖市界
640200	地区、自治州、地级市界
650200	县、区、旗、县级市界
660200	街道、乡(镇)界
670402	开发区、保税区界
670500	村界

表5-13　界线性质代码表

代码	界线性质
600001	已定界
600002	未定界
600003	争议界
600004	工作界
600009	其他

注：本表根据GB/T 13923—2006的扩充原则取值。

表5-14　等高线类型代码表

代码	等高线类型
710101	首曲线
710102	计曲线
710103	间曲线

表 5-15　土地用途区类型代码表

代码	土地用途区类型
010	基本农田保护区
020	一般农地区
030	城镇建设用地区
040	村镇建设用地区
050	独立工矿区
060	风景旅游用地区
070	生态环境安全控制区
080	自然与文化遗产保护区
090	林业用地区
100	牧业用地区
990	其他用地

实验案例一　使用 Visio 进行概念模型设计

Microsoft Office Visio 是一款便于信息化人员和商务专业人员就复杂信息、系统和流程进行可视化处理、分析和交流的软件。使用具有专业外观的 Visio 图表,可以促进对系统和流程的了解。本案例结合土地利用总体规划数据库,利用 Visio 进行概念模型设计。

一、确定实体对象

通过对土地利用总体规划数据库的需求分析,确定以下要素类和要素层,图层描述如表 5-16 所示。

表 5-16　空间要素图层描述

序号	要素分类	要素名称	几何特征
1	境界与行政区	行政区	面
		行政区界线	线
2	地貌	等高线	线
		高程注记点	点
3	基期现状	基期地类图斑	面
		基期线状地物	线
		基期零星地物	点
		基期地类界线	线
4	目标年规划	土地用途区	面
		土地规划地类	面
		规划基本农田保护区	面
		规划基本农田调整	面
		建设用地管制边界	线
		建设用地管制区	面
		土地整治重点区域	面
		村镇建设控制区	面
		基本农田整备区	面

序号	要素分类	要素名称	几何特征
5	规划栅格图	土地利用现状图	
		土地利用总体规划图	
		建设用地管制和基本农田保护图	
		土地整治规划图	

二、E-R 模型设计

(一)添加并编辑实体图形

打开 Visio,单击【文件】→【新建】,新建一个空白绘图。单击【形状】→【更多形状】→【常规】→【基本形状】,将"基本形状"添加至"形状",如图 5-4 所示。

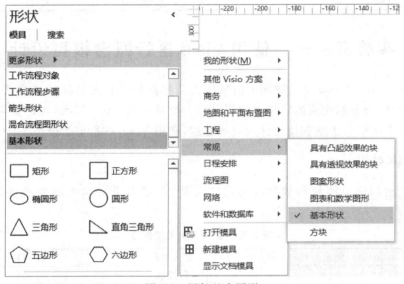

图 5-4　添加基本图形

将"矩形"拖放至绘图页面,右键单击矩形框,选择【编辑文本】,填写实体名称为"行政区";选中图形,将鼠标停靠在节点处,调整图形大小,如图 5-5 所示。

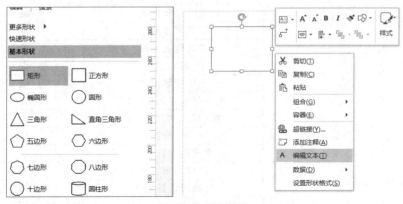

图 5-5　编辑图形

（二）添加并编辑属性图形

在绘图页面空白处单击鼠标右键，在弹出的工具栏中选择左上角的椭圆图标，在下拉图形列表中选择【椭圆】，并在绘图界面中绘出，如图 5-6 所示。选中椭圆，单击右键，选择【编辑文本】，填写其属性为"行政区代码"；选中图形，将鼠标停靠在节点处，调整图形大小，如图 5-7 所示。按照此方法，继续添加行政区的行政区名称、要素代码、标识码等属性。其中，标识码为主关键字，要对其加下划线。

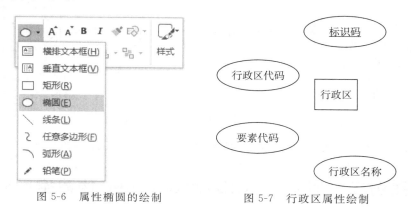

图 5-6　属性椭圆的绘制　　　　图 5-7　行政区属性绘制

（三）连接属性

选择工具栏中的连接线工具，将鼠标停留在行政区实体矩形上，按住鼠标左键，拖动至标识码属性上。按此方法，依次将行政区的属性与行政区实体相连，如图 5-8 所示。

（四）绘制各实体要素的 E-R 图

重复第（一）至第（三）步，绘制行政区界线、等高线、高程注记点、基期地类图斑、基期线状地物等实体要素的局部 E-R 图，图 5-9 是基期地类图斑的 E-R 图。

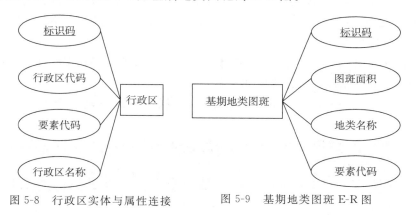

图 5-8　行政区实体与属性连接　　　　图 5-9　基期地类图斑 E-R 图

（五）建立实体间联系

根据需求分析结果，建立各实体间的联系。以行政区和基期地类图斑为例，行政区与基期地类图斑是一对多的关系：即一个行政区包含多个基期地类图斑，而一个基期地类图斑仅被一个行政区所包含。

为表达此联系，在基本图形中，选择菱形，拖放至绘图页面，右键单击菱形框，选择【编辑文本】，填写联系名称为"包含"。选中图形，将鼠标停靠在节点处，对图形进行缩放。选择工具栏中的连接线工具 ⌐⁰连接线，将鼠标停留在菱形上，按住鼠标左键，拖动至"行政区"实体及"基期地类图斑"实体上。双击菱形两侧的连接线，在"行政区"实体一侧输入 1，在"基期地类图斑"实体一侧输入 n，用以表示两个实体间的一对多联系，如图 5-10 所示。

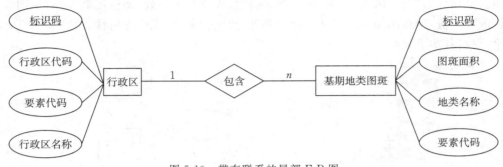

图 5-10　带有联系的局部 E-R 图

按上述方法，将所有实体进行必要的联系设计，完成全局 E-R 图的绘制。

实验案例二　使用 ArcGIS Diagrammer 构建空间数据库

ArcGIS Diagrammer 是专业人员用来创建、编辑、分析地理空间数据库结构的生产工具，以可编辑图形的形式呈现数据库结构。ArcGIS Diagrammer 是一个 Esri XML 文件的可视化编辑器，使用 ArcCatalog 或 ArcMap 中的 Catalog 窗口，可以将这些文档导入或导出到地理空间数据库中。

ArcGIS Diagrammer 极大地方便了用户，全部是界面化的操作，一些已经定义好的对象（要素数据集、要素类、影像数据集、关系类、几何网络等）可以提供给用户直接使用，只需要通过修改名称、添加字段、添加要素类等基本操作，而且可以直接导出 XML 与 ArcGIS Desktop进行可逆的编辑修改。

本案例是在案例一的基础上，将逻辑模型设计结果使用 ArcGIS Diagrammer 进行实现，并由此构建空间数据库。构建步骤如下：

（1）打开 ArcGIS Diagrammer，选择【File】→【New】，新建一个 Diagrammer，如图 5-11所示。

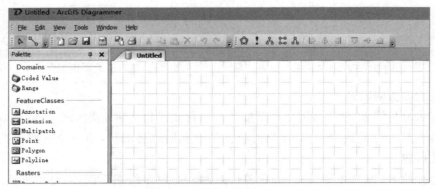

图 5-11　新建 Diagrammer

（2）新建一个 Feature Dataset（要素数据集），并命名为"土地利用规划"，如图 5-12、图 5-13 所示。

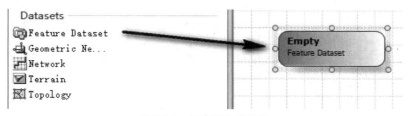

图 5-12 新建要素数据集

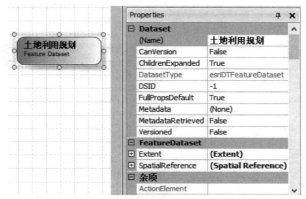

图 5-13 将要素数据集命名为"土地利用规划"

（3）新建一个线（Polyline）要素，并命名为"行政区界线"，如图 5-14 所示。

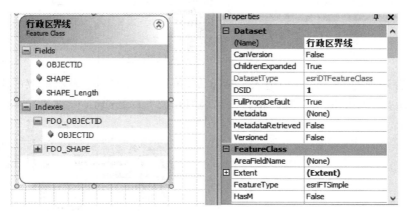

图 5-14 新建要素类

（4）点击新建要素类中的 ⊗ 按钮，将其展开，在字段空白处单击鼠标右键，选择【add field】。输入字段名称（Name）为"BSM"；字段别名（AliasName）为"标识码"；字段类型（FieldType）为整型，即"esriFieldTypeInteger"；长度（Length）为"10"，如图 5-15 所示。按照此方法，依次新建要素代码、界线类型、界线性质字段，如图 5-16 所示。

此外，在字段结构属性编辑器中，DefaultValue 表示默认值，Domain 表示域，Editable 表示可编辑性，IsNullable 表示是否允许字段为空值，Precision 表示数据精度。

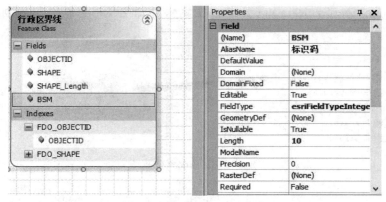

图 5-15　新建"标识码"字段

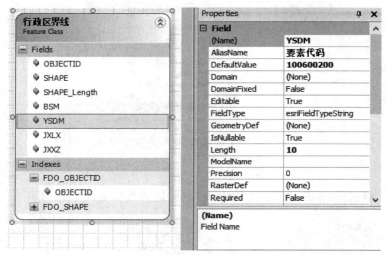

图 5-16　新建"要素代码"字段

（5）在内容列表的 Domains 中拖入 Coded Value，Coded Value 表示离散的文本型属性代码，Range 表示数值型的取值范围。将其改名为"JXXZ"，Description（描述）改为"界线性质"，如图 5-17 所示。

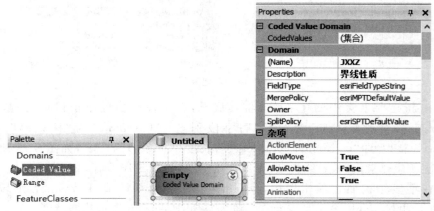

图 5-17　属性域属性设置

（6）单击 CodedValues 右侧的 按钮，打开属性域设置对话框，按照表 5-13 界线性质代码表设置默认值，如输入 Code 为"600009"，Name 设置为"其他"。单击【添加】按钮，继续添加属性域，如图 5-18 所示。

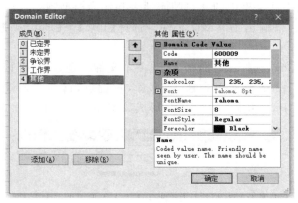

图 5-18　属性域设置

（7）单击工具栏中的 按钮，在绘图区域中按住鼠标左键，单击【土地利用规划】要素集，拖动至【行政区界线】要素类，选中【行政区界线】要素类，拖动至【JXXZ】（界线性质）属性域，如图 5-19 所示。连接完成后单击工具栏中的 按钮，切换至鼠标指针选项。选中【行政区界线】要素类，选择【JXXZ】字段，在属性设置选项卡中，将 Domain 设置为"JXXZ"。在 ArcGIS Catalog 里可以看到土地利用数据库结构。

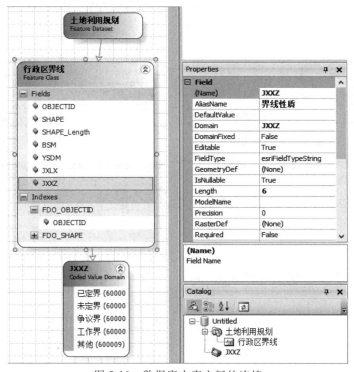

图 5-19　数据库内容之间的连接

（8）重复第（4）至（7）步，将土地利用总体规划数据库逻辑模型设计结果及属性编码结构全部制作为模型图。

此外，若土地利用总体规划数据库中包含表格数据，也可在 ArcGIS Diagrammer 中选择▦Table，将逻辑模型设计结果中的非空间属性表制作为模型图。

（9）保存模型，将结果输出为 XML 文件。选择【File】→【Publish】，将结果输出为 XML 文档。

（10）启动 ArcCatalog，选择保存路径，新建一个文件地理数据库（File Geodatabase），命名为"土地利用规划"；选择"土地利用规划"数据库，右键点击【导入】，选择【XML 工作空间文档】，将 XML 文件导入 File Geodatabase 中，形成数据库文件，如图 5-20～图 5-25 所示。

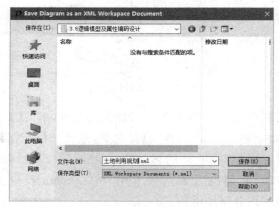

图 5-20　将模型输出为 XML 文档

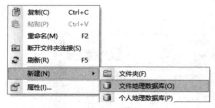

图 5-21　新建文件地理数据库

图 5-22　导入 XML 工作空间文档

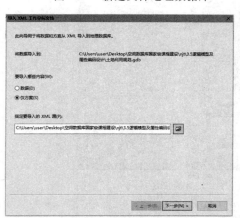

图 5-23　导入 XML 文档为数据库方案

图 5-24　导入 XML 文档相关信息检核

图 5-25　XML 文档导入结果——构建数据库

职业能力训练

[训练一]

利用 Visio 设计校园基础地理空间数据库。

实训目的：掌握利用 Visio 进行空间数据库设计的方法和步骤。

实训内容：设计校园基础地理空间数据库的概念模型。

[训练二]

利用 ArcGIS Diagrammer 构建校园基础地理空间数据库结构。

实训目的：掌握利用 ArcGIS Diagrammer 构建空间数据库结构的方法和步骤。

实训内容：构建校园基础地理空间数据库结构。

练习题

一、单项选择题

1. 下列不属于数据库设计需求分析工作的是（　　）。

 A. 调查用户需求　　　　　　　　　　B. 需求数据的收集和分析

 C. 数据库模式的设计　　　　　　　　D. 编制用户需求说明书

2. 一宗宗地由多栋房屋组成，一栋房屋只归属于一宗宗地，则宗地实体集与房屋实体集之间的联系是（　　）。

 A. 1∶1　　　　　　B. 1∶m　　　　　　C. m∶1　　　　　　D. m∶n

3. 一条线状公路可能是两个行政区的分界线，也可能是完全坐落于某个行政区内的一条公路。一个行政区内可能不只有一条公路。则公路实体集与行政区实体集之间的联系是（　　）。

 A. 1∶1　　　　　　B. 1∶m　　　　　　C. m∶1　　　　　　D. m∶n

4. 不属于 E-R 模型设计方法的是（　　）。

 A. 自顶向下　　　　B. 自里向外　　　　C. 逐步扩展　　　　D. 混合策略

二、填空题

1. 需求分析可以按照以下三个步骤来进行：＿＿＿＿＿＿、＿＿＿＿＿＿、＿＿＿＿＿＿。

2. 概念模型设计的一般步骤：确定应用领域、确定用户需求、＿＿＿＿＿＿、＿＿＿＿＿＿、对象类型的调整、几何表示、＿＿＿＿＿＿、＿＿＿＿＿＿、＿＿＿＿＿＿。

3. 逻辑模型设计的步骤：＿＿＿＿＿＿、＿＿＿＿＿＿、＿＿＿＿＿＿、＿＿＿＿＿＿。

4. 空间信息分类的基本原则：_____、系统性、_____、实用性、

　　_____、_____。

5. 对地理信息的分类一般包括_____和面分类法。

6. 将所有的局部 E-R 模型合并成一个全局 E-R 模型，在合并过程中，两个模型之间可能存在
冲突，需要识别、消除冲突。三类基本的冲突是_____、_____和_____。

7. 属性冲突包括_____和属性取值单位冲突。

8. 命名冲突包括实体类型名、联系类型名之间_____或异义同名。

9. 确定数据的质量标准，主要包括：_____、_____、空间分辨率、_____、
现势性、_____和空间范围上的覆盖等内容。

10. 空间数据库中的代码可以分为_____和标识码两种。

11. 实体关系中的空间特性，主要有以下三种：_____、_____、
对象之间的拓扑关系。

三、问答题

1. 空间数据库设计的基本过程有哪些？

2. 简述需求分析的基本步骤、方法与注意事项。

3. 请对土地利用总体规划数据库进行用户需求分析。

4. 请自行查阅相关资料，设计城镇地籍空间数据库。

项目六 空间数据库建设

[项目概述]

    空间数据库建设是进行空间数据有效管理的重要内容之一。本项目首先介绍空间数据库建设的内容及建设流程,然后介绍了空间数据库建设准备工作中的需求分析、资料收集、依据的相关技术标准和规范,以及数据入库前必须经过的数据采集、编辑与处理工作等,最后介绍了数据入库及应注意的问题。

[学习目标]

    明确空间数据库建设的主要内容,掌握空间数据库建设流程。知道在进行空间数据库建设前期,应进行哪些准备工作。能够独立完成数据入库前的图形数据采集与编辑、属性数据采集与编辑等工作;能独立完成各类数据入库工作。

任务一 空间数据库建设内容

[任务概述]

    空间数据库,简单的可以理解为存放空间数据的仓库。在进行空间数据库建设之前,首先要明确空间数据库存放的内容有哪些,根据内容制订相应的建设流程。

一、空间数据库建设内容

    空间数据库主要包括数字栅格地图数据库、数字高程模型数据库、数字正射影像数据库、矢量地形要素数据库、专题数据库和元数据库等,如图 6-1 所示。

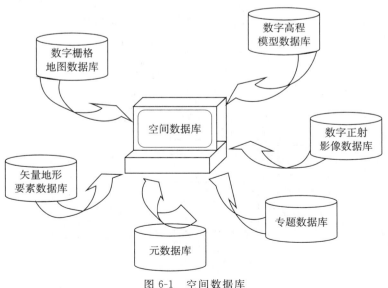

图 6-1　空间数据库

数字栅格地图数据库:将现有纸质、胶片等地形图经扫描和几何纠正及色彩校正后,形成在内容、几何精度和色彩上与地形图保持一致的栅格数据所构成的数据库。

数字高程模型数据库:由若干数字高程模型构成的数据库。

数字正射影像数据库:以航摄像片或遥感影像为基础,经过扫描处理和逐像元进行辐射改正、微分纠正和镶嵌等处理,按地形图范围裁剪,并将地形要素的信息以符号、注记、公里格网、图廓整饰等形式添加到该影像平面上,形成以栅格数据形式存储的影像数据库。

矢量地形要素数据库:以矢量数据结构描述的水系、等高线、境界、交通、居民地等要素构成的数据库。

专题数据库:由专门表示某一种或某几种数据所构成的数据库,如土地利用数据、地籍数据、规划管理数据、道路数据等。

元数据库:由关于数据集内容、质量、表示方式、空间参考、管理方式、数据的所有者、数据的提供方式,以及数据集的其他特征数据所构成的数据库。

二、空间数据库的建设流程

空间数据库包含的内容较多,针对不同的内容其建设流程会有一定的差异。本书主要介绍在已有栅格地图数据的情况下,空间数据库建设的大致流程,如图6-2所示。

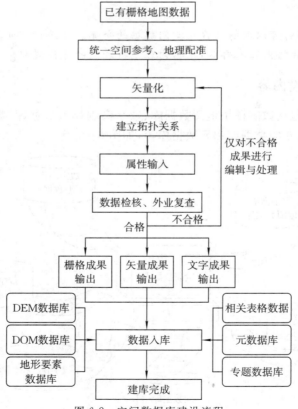

图 6-2　空间数据库建设流程

任务二 空间数据库建设准备

[任务概述]

空间数据库建设之前,首先需要进行需求分析,明确空间数据库建设的目标和要求,以便进行相关资料的准备工作。空间数据库建库所需的数据主要包括矢量数据、栅格数据、属性数据及元数据等,本节主要介绍以上几类数据的采集、编辑、处理和入库方法。

一、需求分析

需求分析的目的是根据用户或专题需要,明确空间数据库建设目标;根据目标,有计划、有针对性地进行资料收集、平台选择、技术路线规划等工作。需求分析实际上是空间数据库设计阶段要完成的任务,但由于其是整个空间数据库建设过程中非常重要的一个环节,是所有后续工作的基础,因此,在此又重提需求分析,目的是提醒参与建设空间数据库的工作人员在建库过程中(包括建库准备阶段)一定要根据需求分析中确定的技术路线和目标有计划、有组织地开展工作。有关需求分析的详细内容参见本书"项目五"。

(一)资料准备

根据空间数据库建设目标和要求,准备所需的相关资料,包括地图、实测数据、遥感影像、文本资料、统计资料、已有系统数据等。

地图和遥感影像是实际项目中常见的栅格数据的重要来源,一些地类图斑数据、项目边界、保护区范围等均可以来源于此数据。

实测数据主要是指利用全站仪、RTK等外业测量设备观测得到的数据。对于一些对数据精度要求较高的项目,往往通过实测数据得到。

文本资料也是空间数据库建设中不可或缺的数据来源之一,项目区的地理位置、概况、气候等内容均可通过文本资料来提供。

统计资料主要提供一些项目区的经济收入、人口等基础数据。

(二)对建库资料的要求

建库数据源的质量是影响空间数据库质量的重要原因。在资料准备阶段,应保证收集来的数据内容、数据精度、数据现势性等符合空间数据库建设要求。如乡(镇)土地利用总体规划数据库建设中,建库资料应满足以下要求。

1. 数据内容

应选择内容详尽、完整的标准分幅图,以及图、数一致的表格等原始资料。若与外业调查同步建库,可以采用经过内部验收合格后的图件资料;若是在土地资源调查结束后建库,则必须采用经过正式验收合格后的图件资料。

2. 数据精度

数据精度必须满足空间数据库建设要求。此外,要求图纸变形小,选择图幅控制点对原始图进行纠正,纠正后误差应小于 0.1 mm。

3. 数据现势性

数据现势性一般要求与空间数据库建设的时期保持一致。如土地利用总体规划(2006—2020 年)数据库,要求采用的土地利用现状数据必须是 2005 年的数据。

4. 资料介质

选择图形资料时,一般优先选择变形小的材质。

5. 资料形式

优先选择数字资料,其次为非数字资料。

二、数据采集

数据采集包括矢量数据采集、栅格数据采集、属性数据采集、元数据采集等。

(一)矢量数据采集

1. 野外测量方法

野外测量方法主要包括全站仪测量、GNSS 外业测量等。通过以上两种方法获取的数据是矢量格式,可以在数字测图软件中(如 CASS)绘制矢量地图。后期若需要导入地理空间数据库,可以在 GIS 软件平台的支持下进行格式转换。

2. 地图扫描数字化法

地图扫描数字化是重要的地理空间数据获取方式之一,是指将纸质地图通过扫描转换成栅格格式,然后在 GIS 软件平台中进行矢量化的一种作业方法。

地图扫描数字化的一般流程如图 6-3 所示。

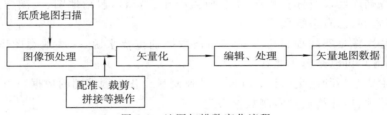

图 6-3　地图扫描数字化流程

3. 摄影测量和遥感方法

以航摄像片和遥感影像图为基础,基于摄影测量设备和 GIS 软件平台采集矢量数据,是保证空间数据现势性和精度的有效途径。

(二)栅格数据采集

1. 遥感方法

遥感是获取栅格数据的重要途径。遥感影像具有直观、形象、富有立体感、易读、地物平面精度较高、相对关系明确、细部反映真实、成图周期短等优点。近年来,国家的大型空间数据库建设项目均以遥感影像作为工作底图。

2. 地图扫描

利用扫描仪等设备将纸质地图转换成数字栅格图。

3. 矢量数据转换

将已有矢量数据转换成栅格数据,也是栅格数据获取的有效途径之一。

(三)属性数据采集

属性数据与几何位置无关,主要说明地理实体"是什么"。属性数据的采集通常是在图形数据采集、编辑和处理完成之后进行。常见的采集方法主要有实地调查和利用已有文本资料数据两种。

（四）元数据采集

元数据（metadata）是关于数据的数据，用于描述数据的内容、质量、表示方式、空间参照系、管理方式、数据的所有者、数据的提供方式及数据集的其他特征等信息。

元数据的采集可以在整个项目完成后，在 ArcCatalog 中使用"导出元数据"功能将整个数据库的元数据导出，格式为.xml。导出后还可以对元数据进行相应的编辑和修改。例如，土地利用规划修编数据库元数据部分内容如下，其中××××为作者屏蔽信息：

```xml
<? xml version = "1.0" encoding = "utf-8"? >
<土地利用规划修编数据库元数据>
 <标识信息>
  <MD_标识>
   <数据集引用>
    <名称>××××数据库成果</名称>
    <日期>2017-11-12</日期>
    <版本>2017 年版本</版本>
   </数据集引用>
   <语种>中文</语种>
   <摘要>
   </摘要>
   <现状>完成</现状>
   <地理范围>
    <EX_地理坐标范围>
     <西边经度>××××</西边经度>
     <东边经度>××××</东边经度>
     <南边纬度>××××</南边纬度>
     <北边纬度>××××</北边纬度>
    </EX_地理坐标范围>
   </地理范围>
   <地理描述>
    <SI_地理描述>
     <地理标识符>××××</地理标识符>
    </SI_地理描述>
   </地理描述>
   <时间范围>
    <EX_时间范围>
     <范围>
      <TM_时间段>
       <起始时间>2009-11-26</起始时间>
       <终止时间>2017-11-16</终止时间>
      </TM_时间段>
     </范围>
    </EX_时间范围>
```

代码续

```
        </时间范围>
        <垂向范围>
            <EX_垂向范围>
                <最小垂向坐标值>0</最小垂向坐标值>
                <最大垂向坐标值>0</最大垂向坐标值>
                <计量单位>m</计量单位>
            </EX_垂向范围>
        </垂向范围>
        <表示方式>矢量</表示方式>
        <数据格式名称>ARCGIS</数据格式名称>
        <可交换数据格式名称>VCT</可交换数据格式名称>
        <调查比例尺>0.0001</调查比例尺>
        <类别>土地利用总体规划</类别>
        <卫星轨道标识 />
        <数据集联系信息>
```

三、空间数据编辑与处理

数据入库之前,需要对其进行一些必要的编辑和处理,以便满足入库要求。这部分内容本书不作为重点,仅做提纲性介绍,详细内容可自行学习地理信息系统的相关教材。

(一)空间数据编辑

由于各种空间数据源本身存在误差,以及空间数据采集过程中人为因素的影响,导致获取的空间数据不可避免地存在各种错误和误差。为正确反映地物之间的关系,使数据达到建立拓扑关系的要求,必须对图形数据和属性数据进行检查、编辑,修正数据输入过程中的错误及维护数据的完整性和一致性。空间数据编辑的主要内容包括两个方面:图形数据编辑和属性数据编辑。

(二)几何纠正

矢量化过程中,由于数字化设备精度、人为操作误差、图纸变形等因素影响,输入的图形数据与实际图形在位置上存在偏差或变形,必须通过几何纠正来消除,以实现理论值和实际值之间的一一对应关系。

常见的几何纠正对象有地形图的纠正和遥感影像的纠正。

(三)统一的空间参考

存放在同一个数据库要素集中的空间数据要求具有统一的空间参考。例如:当高程基准采用"1985 国家高程基准",投影采用"高斯-克吕格投影",按 3°或 6°分带,平面坐标系采用"1980 西安坐标系"时,所有的要素数据图层要保持统一。

(四)数据格式转换

在资料收集过程中,收集来的资料可能是 DWG 或者 MapGIS 等其他格式,这时就需要进行数据格式转换。由于目前绝大多数空间数据库建设项目要求统一采用 ArcGIS 为建库平台,因此需要将不同格式的数据转换为 Shapefile 格式。此外,常见的还有矢量与栅格数据之间的互相转换、表格数据转 Shapefile 格式、ArcGIS 自身数据格式间的相互转换等。

（1）MapGIS 数据转换为 ArcGIS 数据，主要指 MapGIS 数据与 ArcGIS 数据 Shapefile 格式之间的相互转换。

（2）AutoCAD 数据转换为 ArcGIS 数据，主要指 AutoCAD 数据的 DWG 格式与 ArcGIS 数据的 Shapefile 格式之间的相互转换。

（3）Excel 转换为 ArcGIS 数据，主要指将存储在 Excel 表格中的点坐标数据转换为 ArcGIS 中的点、线、面数据。

（4）ArcGIS 自身数据格式互相转换，ArcGIS 主要包括 Shapefile、Geodatabase、Coverage 三种格式，目前常用的主要有 Shapefile、Geodatabase。

（五）地理配准

地理配准是指为使栅格地图数据可以和矢量数据集成在一起，而为栅格地图数据指定一个参考坐标系的过程。

常见的地理配准方法主要有利用已有的矢量数据进行配准、从图上读取坐标进行配准、利用外业控制点坐标进行配准。

（1）利用已有的矢量数据进行配准，是指利用已有矢量数据的坐标作为地理配准的参考坐标对栅格地图进行配准的方法。

（2）从图上读取坐标进行配准，是指从已有栅格地图上读取相应的坐标数据进行配准的方法。

（3）利用外业控制点坐标进行配准，是指在没有矢量数据可以参考，不能从栅格地图上读取坐标的情况下，利用外业已经测得的控制点坐标数据进行配准的方法。

（六）地图投影变换

原始资料数据采用的地图投影可能不同，在使用时通常需要将它们统一到相同的投影系统下，这就需要用到地图投影变换。地图投影变换的实质是建立两个平面场之间点的一一对应关系。假定原投影系统下某点的坐标为 (x,y)（称为旧坐标），新投影系统下该点的坐标为 (X,Y)（称为新坐标），则新旧坐标的变换方程为

$$\left.\begin{array}{l} X = f_1(x,y) \\ Y = f_2(x,y) \end{array}\right\} \tag{6-1}$$

常用的投影变换方法有解析变换法、数值变换法和数值解析变换法。

（七）几何变换

几何变换包含二维几何变换和三维几何变换，由于通常的制图资料大部分是二维的，因此本书只介绍二维几何变换。二维几何变换包括旋转、平移和缩放，如图 6-4 所示。

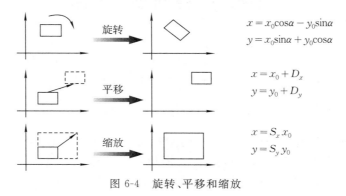

图 6-4　旋转、平移和缩放

1. 旋转

在地图几何变换中,经常要应用旋转操作,如图 6-4 中第一行图形所示。实现旋转操作需要利用三角函数。假定顺时针旋转角度为 α,其公式如图 6-4 中第一组方程所示,其中 x_0、y_0 是旋转前坐标,x、y 为旋转后坐标。

2. 平移

平移是将图形的一部分或整体移动到坐标系中的另外位置,如图 6-4 中第二行图形所示。变换公式如图 6-4 中第二组方程所示,其中 D_x、D_y 为平移距离。

3. 缩放

缩放操作可以用于输出大小不同的图形,如图 6-4 中第三行图形所示。变换公式如图 6-4 中第三组方程所示,其中 S_x、S_y 为缩放系数。

(八)拓扑错误检查与编辑

空间拓扑关系描述的是基本的空间目标点、线、面之间的邻接、关联和包含关系。矢量数据在入库之前需要检查图层自身及图层与图层之间的拓扑关系,在 ArcCatalog 中可以通过新建不同的拓扑规则,来检查矢量数据的拓扑错误并进行修改,直到无拓扑错误存在为止。

(九)图幅拼接

在地理空间数据库建设过程中,往往需要将多人的地图成果数据进行汇总,以保证成果的完整性和连续性。图幅拼接即是将相邻的图件成果拼接成一幅完整地图的过程。

在图幅拼接时,要求相同实体的线段或弧段的坐标数据相互衔接及属性码相同,因此必须对图幅数据的边缘进行匹配处理。

匹配的方法有两种:第一种方法是小心地修改空间数据库中相同实体的坐标和编码,以维护数据库的连续性;第二种方法是采用手工完成,即先对准两幅图的一条边缘线,然后再小心地调整其他线段使其取得连续。图幅拼接过程如图 6-5 所示。

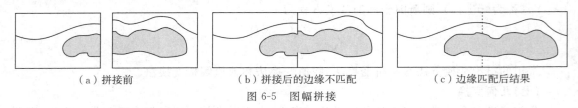

（a）拼接前　　　　　（b）拼接后的边缘不匹配　　　　　（c）边缘匹配后结果

图 6-5　图幅拼接

任务三　空间数据入库

［任务概述］

空间数据入库主要是指将已经编辑和处理好的图形数据、属性数据、栅格数据、表格等分别存储到数据库中。本任务主要介绍 ArcGIS 平台下的空间数据入库工作。

一、图形数据入库

在数据库建设准备阶段,已将采集到的数据编辑处理为 ArcGIS 平台下的矢量图形 Shapefile 格式,每个图层对应一个 Shapefile。图形数据入库主要是将 Shapefile 格式的数据通过要素类的形式导入数据库中的过程。例如,在土地利用总体规划数据库中,采集的等高线

DGX. shp、基期地类图斑 JQDLTB. shp 数据文件,均可以通过 ArcCatalog 的"导入单个或多个要素类"的功能将其存储到数据库中。

二、属性数据入库

由于属性数据是对图形数据中每个地理实体的详细描述,所以属性数据并不单独存储到数据库中,而是依附于图形数据存在。常见的属性数据入库方法有手工录入和外部表连接。手工录入方法简单,但繁琐费时;外部表连接主要是通过公共字段建立图形数据和外部属性表之间的一一对应关系,这种方法可以实现多个实体要素属性的批量导入,高效便捷,但有时会由于公共字段编码不一致而造成属性信息有误。无论采用哪种方法,在属性数据入库完成后,都应检查属性数据的完整性和一致性等。

三、栅格数据入库

常见的栅格数据格式有 TIF、JPEG、IMG 等。栅格数据入库是指将栅格数据存储到空间数据库中的过程。注意,栅格数据不能存储在要素集中,而是直接存储在地理空间数据库目录下。另外,栅格数据入库时经常会出现导入后不能正常打开的情况,所以在栅格数据入库后,一定要进一步查看其能否正确显示。

四、表格数据入库

表格数据常见的格式有 XLS 等。表格数据入库是指将表格存储到数据库中的过程。表格数据可以与图形数据等存储在同一个空间数据库中,但为了方便管理,可以将图形数据与表格数据存储到同一个数据库中的不同要素集中,或是单独新建一个数据库和要素集以用于存储表格数据。例如,在土地利用总体规划数据库中,需要存储的表格主要有土地利用现状表、土地利用规划表、基本农田调整表等,这些表格均需要存储到数据库中。

五、元数据入库

元数据并不需要存储在数据库中,但是可以通过 ArcCatalog 导出。通常是在提交数据库最终成果时,建立单独的元数据文件夹用以存放 XML 格式的元数据文件。

六、数据入库应注意的问题

数据入库时,应注意几个基本问题:

(1)存放到同一个数据库要素集中的矢量数据要保持统一的空间参考,否则不能正确入库。

(2)数据入库时应将数据进行分类存放,即不同类别的矢量数据,可以建立不同的要素数据集。例如:基础地理数据要素集,用于存放基础地理数据;规划数据要素集,用于存放规划数据;其他数据要素集,用于存放一些除基础地理数据、规划数据之外的其他数据。对于栅格数据、表格数据也可以分类存放,方便之后的查询、分析等操作。

(3)数据入库工作完成后,要对数据的完整性、一致性进行检查,查看数据图层是否缺失等。

实验案例　土地利用总体规划数据库建设

一、需求分析

（一）信息需求

乡（镇）土地利用总体规划数据库是指以土地利用现状、土地利用规划成果图件数据及其他数据为基础的数据仓库，它主要反映了土地资源分布状况、土地利用功能分区，以及相应的各个规划分区的位置、范围及其相互之间的空间位置关系等信息，具有空间性、抽象性、多时空等特征。

（二）应用需求

土地利用总体规划数据库的建立是土地利用资源规划管理信息化建设和形成信息化建设体系的首要任务。考虑国土资源、林业、交通及社会公众等部门对土地利用资源规划、管理及信息化建设等的需求，在设计和实现土地利用总体规划数据库时不仅要定位于存储规划的成果数据，还要充分发挥规划的龙头作用，将规划的相关成果积极、有效地应用起来，充分将国土、林业、交通、环境等多部门进行有效的衔接，真正意义上实现"多规合一"。

二、资料收集

在进行乡（镇）土地利用总体规划时，需要收集的资料主要包括：

（1）乡镇简介（自然经济概况、自然禀赋）。

（2）城镇体系规划。

（3）土地整理、复垦、开发项目（文本、图件）。

（4）城增村减项目相关资料。

（5）2009 年统计年鉴。

（6）上轮乡（镇）土地利用总体规划。

（7）乡镇发展总体规划（思路、目标、定位）。

（8）各类专项规划（林业"十二五"规划等）。

三、平台选择

本乡（镇）土地利用总体规划实验案例主要基于 ArcGIS Desktop10.0 平台，另外还需安装相应的 SQL Server 数据库管理系统等软件，以确保空间数据库的创建及应用实践工作顺利进行。

四、建库标准及规范

本案例中数据库内容和要素分类编码、数据库结构定义和要素分层等建库标准主要参见《乡（镇）土地利用总体规划数据库标准》。

其他相关技术标准和规范主要有：

GB/T 2260—2007　　　　《中华人民共和国行政区划代码》

GB/T 10114—2003　　　《县级以下行政区划代码编制规则》

GB/T 13923—2006　　　　《基础地理信息要素分类与代码》
GB/T 13989—2012　　　　《国家基本比例尺地形图分幅和编号》
GB/T 16820—2009　　　　《地图学术语》
GB/T 17798—2007　　　　《地理空间数据交换格式》
GB/T 19231—2003　　　　《土地基本术语》
GB/T 21010—2017　　　　《土地利用现状分类》
TD/T 1014—2007　　　　　《第二次全国土地调查技术规程》
TD/T 1016—2003　　　　　《国土资源信息核心元数据标准》
TD/T 1016—2007　　　　　《土地利用数据库标准》
TD/T 1019—2009　　　　　《基本农田数据库标准》
TD/T 1020—2009　　　　　《市(地)级土地利用总体规划制图规范》
TD/T 1021—2009　　　　　《县级土地利用总体规划制图规范》
TD/T 1022—2009　　　　　《乡(镇)土地利用总体规划制图规范》
TD/T 1023—2010　　　　　《市(地)级土地利用总体规划编制规程》
TD/T 1024—2010　　　　　《县级土地利用总体规划编制规程》
TD/T 1025—2010　　　　　《乡(镇)土地利用总体规划编制规程》

五、数据采集

乡(镇)土地利用总体规划数据库建设过程中用到的数据采集方法主要包括以下几种：

(1)已有矢量数据(Shapefile)。已有的矢量数据经过编辑、处理后,可直接存储到空间数据库中,如图 6-6 所示。

图 6-6　已有矢量数据(Shapefile)

(2)栅格数据转换。已有的栅格数据需要先进行格式转换,转换为矢量数据(Shapefile)后,经过编辑、处理后存储到空间数据库中,如图 6-7 所示。

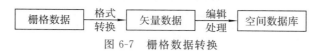

图 6-7　栅格数据转换

(3)DWG 格式转换。已有的 DWG 格式也必须先转换成 Shapefile 格式,然后再经过相应的编辑、处理后存储到空间数据库中,如图 6-8 所示。

图 6-8　DWG 格式转换

六、数据入库

(一)创建 Geodatabase

ArcCatalog 中可以新建个人地理数据库和文件地理数据库。

个人地理数据库,所有的数据集都存储在 Microsoft Access 数据文件内,该数据文件的大小最大为 2 GB,且仅适用于 Windows 操作系统。

文件地理数据库,在文件系统中以文件夹的形式存储,每个数据集都以文件的形式保存,文件大小最多可扩展至 1 TB。

在地理空间数据库建设中,可根据项目需要选择合适的地理数据库。

1. 新建地理数据库

打开 ArcCatalog,在左侧目录树中选择存储数据库的位置,然后单击鼠标右键选择【新建】→【个人地理数据库】或【文件地理数据库】,如图 6-9 所示。将新建的数据库重新命名为"土地利用总体规划. mdb"或者"G48G001028. mdb",根据实际需要命名即可。

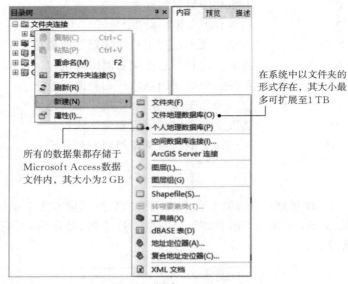

图 6-9　新建 Geodatabase

2. 新建要素数据集

选择【G48G001028. mdb】,单击鼠标右键新建要素数据集,并命名,如图 6-10、图 6-11 所示。一个数据库可以包含多个要素数据集,可根据实际项目需要新建一个或多个要素数据集。

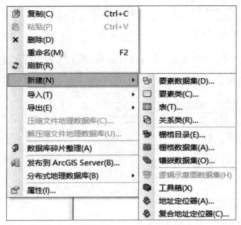

图 6-10　新建要素数据集

图 6-11　命名要素数据集

在为新建的要素数据集定义坐标系统时,有两种方法,导入和新建,如图 6-12 所示。当已有可参考的矢量数据文件时,可选择导入参考的数据文件,新建要素数据集的坐标来源于参考数据文件的坐标系统;若没有可参考的矢量数据文件,则应根据项目要求,新建坐标系统。

本案例使用新建坐标系统,选择投影坐标系(Projected)为【Gauss Kruger】→【Xian1980】→【Xian1980 3 Degree GK Zone 35】,即选择高斯-克吕格 1980 西安坐标系 3°分带第 35 带投影,如图 6-13 所示。

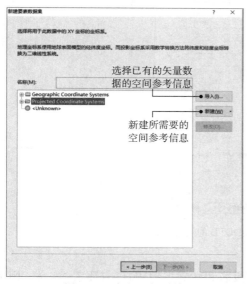
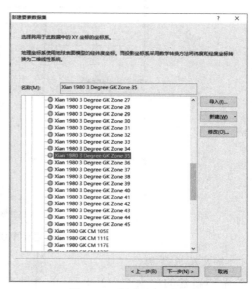

图 6-12 定义坐标系统   图 6-13 新建坐标系统

3. 新建要素类

在新建要素数据集的基础上新建要素类。常见的要素类主要有点要素、线要素和面要素。例如,新建要素类 JQDLTB(基期地类图斑)图层,如图 6-14 所示。

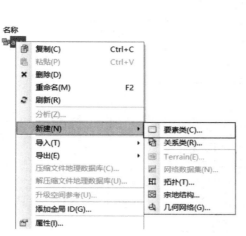
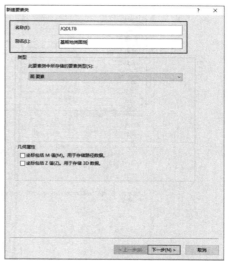

图 6-14 新建要素类

点击【下一步】,创建要素类 JQDLTB 的属性字段,依次定义各字段的字段名和数据类型,如图 6-15 所示。

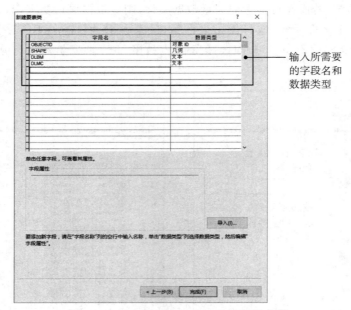

图 6-15　创建要素类 JQDLTB 的属性字段

4. 导入属性结构

若希望新建的要素类 JQDLTB 的属性表(字段名和数据类型)与已有要素类一样,则不需要在图 6-15 中依次定义字段名和数据类型,可直接点击【导入】,选择要参照的要素类即可,导入后参照要素类的字段名和数据类型将被自动赋予新建的要素类,如图 6-16 所示。

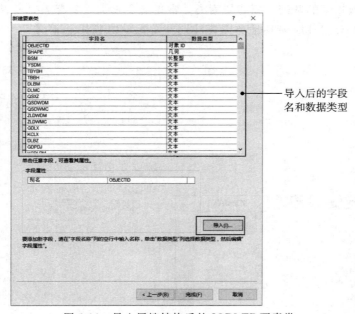

图 6-16　导入属性结构后的 JQDLTB 要素类

5. 定义子类型和属性域

选择要素类 JQDLTB,单击鼠标右键选择【属性】,在"要素类属性"对话框中,选择【子类型】标签,点击【属性域】,打开"属性域"对话框。依次输入属性域名称、选择属性域字段类型(属性域字段类型应与所需要设置属性域的原字段类型保持一致)、输入属性域相对应的编码值等,如图 6-17、图 6-18 所示。

图 6-17　定义子类型

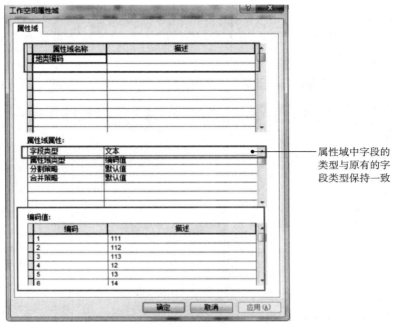

图 6-18　定义属性域

6. 设置属性域

属性域定义完成后,选择【字段】标签,选择【DLBM】字段,在【属性域】下拉菜单中选择已设置好的属性域【地类编码】,点击【应用】、【确定】,完成属性域设置,如图 6-19 所示。可采用同样的方法,完成其他字段的属性域设置。

图 6-19　设置【DLBM】的属性域

7. 属性数据输入

打开要素类 JQDLTB 的属性表,输入 DLBM 值,可利用下拉菜单选择具体的地类编码值,如图 6-20 所示。

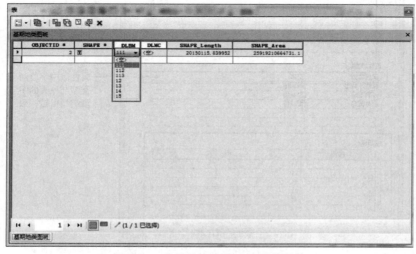

图 6-20　在属性表中输入地类编码值

（二）数据入库

1. 矢量数据入库

选择要素数据集 DS，单击鼠标右键选择【导入】→【要素类（单个）】或【要素类（多个）】。若选择导入单个要素类，则每次只导入一个 Shapefile 到 Geodatabase 中，导入时可选择重新命名要素类；若选择导入多个要素类，则每次可导入多个 Shapefile 到 Geodatabase 中，导入时每个要素类不再重新命名，默认使用要素类之前的名字，如图 6-21、图 6-22、图 6-23 所示。

图 6-21　导入要素类

通过以上操作可以将矢量图形数据导入 Geodatabase 中。注意：矢量数据入库前，要确保要素数据集中的要素类本身及要素类之间不存在拓扑错误。

此外，还可实现个人地理数据库与文件地理数据库之间的相互转换。选择要进行转换的地理数据库中的要素数据集，单击鼠标右键选择【导入】→【要素类（多个）】，即可实现两个数据库之间要素类的互相转换。

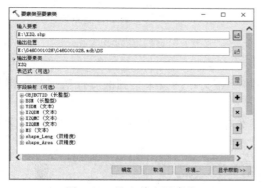

图 6-22　导入单个要素类

图 6-23　导入多个要素类

2. 栅格数据入库

选择需要导入的数据库，单击鼠标右键，点击【导入】→【栅格数据集】，即可完成扫描图片、遥感影像等栅格数据的入库，如图 6-24、图 6-25 所示。

图 6-24　导入栅格数据集

图 6-25　栅格数据入库

3．表格数据入库

乡（镇）土地利用总体规划数据库建设中，除了矢量数据、栅格数据需要入库外，还需要将一些表格，如土地利用现状表（2009 年）、土地利用规划表（2020 年）等存入空间数据库中。

选择需要导入的数据库，单击鼠标右键，选择【导入】→【表（单个）】或【表（多个）】。导入单个表时可以修改导入后的表名，导入多个表时导入后的表名与导入前的表名保持一致，如图 6-26、图 6-27 所示。

图 6-26　导入单个表对话框　　　　　　图 6-27　导入多个表对话框

4．属性数据入库

1）手工录入

手工录入属性值，是较为简单的方法，主要是将外业实际调查采集到的属性数据通过键盘等设备直接录入到属性表中的过程。

打开编辑器，使需要录入属性数据的图层数据处于编辑状态，即可手工录入属性值，录入属性值前后对比如图 6-28 所示。

（a）录入属性值前　　　　　　（b）录入属性值后

图 6-28　手工录入属性值

2）外部表连接

在进行外部表连接前，首先需要创建外部表。本案例中的外部表是在 Access 中进行创建

的,在此不做过多介绍。外部表创建完成后,才可以进行外部表连接,具体操作步骤:

(1)在 ArcMap 中加载需要连接的要素类 ZD 和外部表 ZD-QLR。

(2)选中要素类 ZD,单击鼠标右键,选择【关联和连接】→【连接】,将要素类 ZD 与外部表 ZD-QLR 进行连接,如图 6-29 所示。

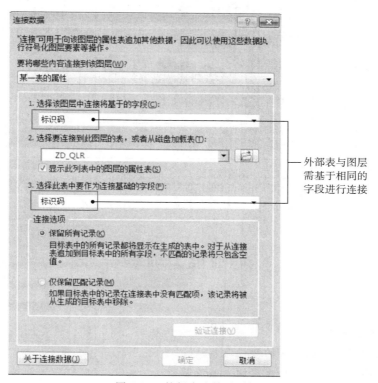

图 6-29 外部表连接对话框

(3)执行完"连接"操作后,图层数据除保留原有的字段外,还新增加了外部表中的"权利人名称"等外部表中的字段。由于图层数据的记录数大于外部表中的记录数,所以连接到图层数据的"权利人名称"字段会存在一些空值。连接前后对比如图 6-30、图 6-31 所示。

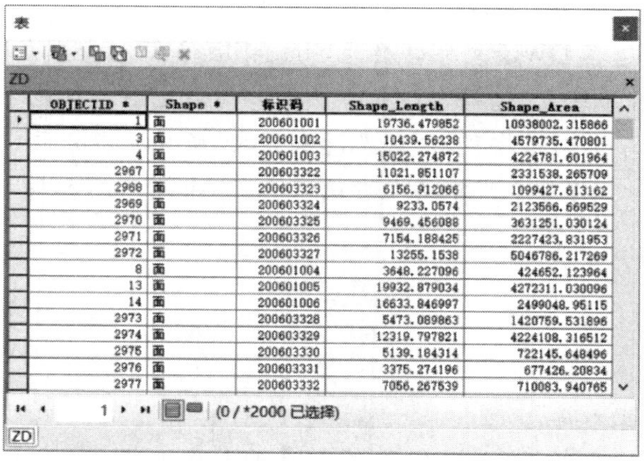

图 6-30 连接前要素类 ZD 的属性数据表

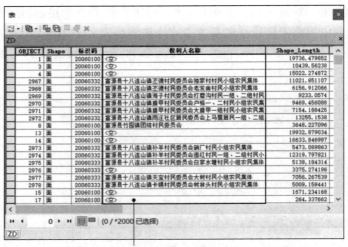

连接后，图层数据除了原有的字段外，
新增了外部表中的权利人名称等字段

图 6-31　连接后要素类 ZD 的属性数据表

职业能力训练

[训练一]

空间数据库建设流程。

实训目的：掌握空间数据库的建设流程。

实训内容：画出空间数据库建设的一般流程图。

[训练二]

空间数据库建库准备。

实训目的：了解空间数据库建库前的准备工作，能做一些具体的准备工作。

实训内容：准备一幅云南省地图，各个州市的人口统计表、各个州市所属的旅游分区表，以及云南省范围边界图（格式为 DWG），完成以下操作：

（1）将云南省范围边界 DWG 文件转换为 Shapefile 格式。

（2）根据（1）转换后的结果，选择合适的方法对云南省地图进行地理配准并矢量化。

（3）对矢量化成果添加两个字段，分别是总人口数、所属旅游分区。

（4）使用属性表连接，将各个州市的人口统计表、各个州市所属的旅游分区表连接到矢量化图层中。

[训练三]

数据入库。

实训目的：

（1）理解什么是数据入库。

（2）能够独立完成图形数据、属性数据、表格等的入库工作。

实训内容：利用[训练二]的成果，完成以下操作。

（1）新建个人地理数据库或文件地理数据库，命名为"训练成果"。

（2）将［训练二］的成果存储到"训练成果"数据库中。

（3）将各个州市的人口统计表、各个州市所属的旅游分区表存储到"训练成果"数据库中。

练习题

一、单项选择题

1. 存放到同一个数据库要素集中的矢量数据要保持统一的（　　）。

　A. 格式　　　　　　　B. 要素类型　　　　　C. 属性　　　　　D. 空间参考

2. ArcGIS 软件中地理数据采集的一般过程是（　　）。

　A. 地理配准、新建数据库、矢量化、拓扑错误检查

　B. 地理配准、矢量化、新建数据库、拓扑错误检查

　C. 地理配准、新建数据库、拓扑错误检查、矢量化

　D. 地理配准、矢量化、拓扑错误检查、新建数据库

二、填空题

1. Geodatabase 是按照层次模型的数据对象来组织地理数据的。这些数据对象包括对象类、_____和_____。

2. _____是一种采用标准关系数据库技术来表现地理信息的数据模型。

3. ArcGIS 中主要有 Coverage、_____和_____三种数据组织方式。

4. Geodatabase 是 ArcGIS 的主要数据库，有以下三种类型：SDE 地理数据库、个人地理数据库和_____。

5. 常用的数据库主要有三种类型，其中_____使用微软的 Access 数据库来存储属性表。

6. Shapefile 是 ArcGIS 的基本数据格式，包括存储空间数据的_____、存储属性数据的_____，以及存储空间数据与属性数据索引的_____文件。

7. 个人地理数据库的存储大小为_____。

8. 空间数据入库主要是指将已经编辑和处理好的图形数据、_____、栅格数据、_____等分别存储到数据库中。

9. 常见的矢量数据的采集方法主要包括_____、_____、摄影测量和遥感方法等。

三、问答题

1. 图形数据的入库准备工作包括哪些？

2. 地理配准常用的方法有哪些？

3. 什么是外部表连接？如何连接？

4. 什么是数据入库？数据入库包括哪些过程？

5. 结合自己所在学校，详细说明如何完成校园基础地理空间数据库建设。

项目七 空间数据库质量分析与评价

[项目概述]

空间数据质量是空间数据库生存和发展的保障，空间数据质量的好坏，直接影响空间数据库的经济和社会效益。要建立高质量的空间数据库，必须在空间数据生产和使用过程中进行质量管理和质量控制。质量控制贯穿于空间数据库建库的全过程。建设质量可靠的空间数据库，是地理信息系统辅助决策科学性和准确性的重要保证。

本项目主要从空间数据质量问题的来源分析、质量控制和质量评价三个方面讲述空间数据库质量分析与评价的具体要求、内容和方法。

[学习目标]

理解空间数据质量的概念，熟知引起空间数据质量问题的来源，掌握空间数据质量控制与质量评价的内容和方法，能进行空间数据库质量控制和评价。

任务一 空间数据质量问题来源分析

[任务概述]

空间数据库是随着地理信息系统(GIS)的开发和应用而发展起来的数据库新技术，是GIS的重要组成部分，是GIS应用的前提和基础。在空间数据库中，空间数据质量是空间数据库生存和发展的保障。

一、空间数据质量含义

(一)空间数据质量含义

空间数据质量问题是伴随着数据采集、处理和应用的过程而产生并表现出来的，数据质量问题在很大程度上可以看作是数据误差问题。空间数据质量是空间数据在表达地理实体的位置及其属性时，所能够达到的准确性、一致性、完整性及它们之间的统一程度。由于人类认识和表达能力的局限性，以及现实世界的复杂与模糊性，这种抽象表达不可能完全达到真值，只能在一定程度上接近真值，因此，可以用空间数据的误差来度量。

(二)空间数据质量的相关概念

1. 准确性

空间数据的准确性是指一个记录值(测量或观察值)与它的真实值之间的接近程度，通常根据所指的位置、拓扑或者非空间属性来分类，可以用误差来衡量。

2. 精度

空间数据的精度表示数据对现象描述的详细程度。数据精度和数据准确性是有区别的：精度低的数据不一定准确度也低。数据精度如果超出了测量仪器的已知准确度，这样记录的数据在效率上是冗余的。精度又分为相对精度和绝对精度。

3. 空间分辨率

分辨率是两个可测量数值之间最小的可辨识的差异。空间分辨率可以看作是记录变化的最小幅度。

4. 误差

误差用来描述测量值和真实值之间的差别。大部分情况下，误差的大小很不准确，因为待测量的真实值往往无法得到，所以，研究如何给出误差大小的最佳估计及误差传播规律非常重要。

二、空间数据质量的基本内容

（一）来源

来源包括记录空间信息产生和处理的时间，信息处理人或单位的历史档案，要求数据说明的全面性和准确性等。在空间数据库建设过程中，要求对数据的来源、数据内容及数据处理过程等有全面、准确、详尽的说明。

（二）位置精度

位置精度指空间数据库中的实体位置信息与现实世界中的真实空间位置的接近程度。空间实体的位置通常以三维或二维坐标来表示，而位置精度则是表示实体的坐标数据与真实位置的接近程度，通常表现为空间三维坐标数据精度。位置精度包括数学基础精度、平面精度、高程精度、接边精度、形状再现精度、像元定位精度等，用于描述几何数据的质量。

（三）属性精度

属性精度指空间数据库中的实体属性信息相对于真实空间属性的正确表达程度。属性精度通常取决于地理数据的类型，且与位置精度有关，包括要素分类与标准的正确性、要素属性值的正确性、名称的正确性、属性编码的正确性、注记的正确性等，用于反映属性数据的质量。

（四）逻辑一致性

逻辑一致性指空间数据库的数据是否是逻辑一致的，也指地理数据关系上的可靠性，包括数据结构、数据内容及拓扑性质上的内在一致性。如多边形的闭合精度、节点匹配精度、拓扑关系的正确性等。

（五）数据完备性

数据完备性指地理数据在范围、内容和结构等方面满足所有要求的完整程度，包括数据范围、空间实体类型、空间关系分类、属性特征分类等方面的完整性。如数据分类的完备性、实体类型的完备性、属性数据的完备性、注记的完整性等。

（六）数据现势性

数据现势性即数据的时间精度，指空间数据时间信息的可靠性，如数据的采集时间、数据的更新时间等。因空间数据的更新周期较长，历史数据和现势数据存在较大的差异，这将直接影响空间数据的有效应用。数据现势性可以通过记录数据更新的时间和频率等来表示。

三、空间数据质量问题来源

空间数据质量问题是伴随数据采集、处理和应用等过程产生并表现出来的，其大小及不确定程度具有累积性。按空间数据自身的规律性，空间数据质量问题来源可分为空间现象的复杂性和不稳定性、空间数据库中原始数据的误差、数据库建库及使用所引入的误差等几个方面。

(一)空间现象的复杂性和不稳定性

空间数据质量问题首先来源于空间现象自身的不确定性,空间现象自身的不确定性包括空间特征和空间过程在空间、属性和时间上的不确定性。空间现象在空间上的不确定性表现为空间位置分布上的不确定性变化;在属性上的不确定性表现为属性类型划分的多样性、非数值型属性值表达的不精确性;在时间上的不确定性表现为其在发生时间段上的移动性。例如,在土地调查中,河流、农业用地等随着季节的变化,其属性、边界也会发生多样性变化,混合地类属性具有模糊性。

(二)源误差

源误差是指数据采集和录入过程中产生的误差。包括测量数据、地图本身及地图数字化、遥感数据等的误差。

1. 测量数据误差

采用直接测量方法可以得到具有空间位置信息的数据,这些测量数据含有随机误差、系统误差和少量粗差。从理论上讲,随机误差可用随机模型,如最小二乘法平差处理;系统误差可用实验的方法校正,数据测量后加修正值便可;粗差可以通过对测量计算理论进行完善后剔除。此外,数据的测量还受观测仪器、观测者和外界环境的影响。这些源误差的产生是不可避免的,但它会随着科学技术的发展和人类认知范围的提高而不断缩小。

2. 地图本身及地图数字化产生的误差

地图扫描矢量化是空间数据最主要的来源之一。影响数字化数据精度的因素有地图原图的固有误差,图纸变形误差,地图要素本身的密度、宽度和复杂程度的影响,数字化仪或扫描仪的仪器误差,操作人员及操作方式的影响等。

3. 遥感数据误差

遥感数据的误差来自遥感观测、遥感图像处理和解译过程,包括分辨率、几何时变和辐射误差对数据质量的影响,影像或图像校正匹配,判读和分类等引入的误差和质量问题。

遥感数据误差是累积误差,含有几何及属性两方面的误差,可分为数据获取、处理、分析、转换和人工判读误差。数据获取误差是在获取数据的过程中受自然条件及卫星的成图成像系统影响所造成的;数据处理误差是利用地面控制对原始数据进行几何校正、图像增强和分类等所引起的;数据转换误差是矢量和栅格两种数据结构在转换过程中所形成的;人工判读误差是指对获得的数据进行人工分析和判读时所形成的误差,这种误差很难量化,它与解析人员从遥感图像中提取信息的能力和技术有关。

(三)处理误差

处理误差是指空间数据录入后在数据处理过程中产生的误差,包括在几何纠正、坐标变换和比例变换、投影变换、几何数据的编辑、属性数据的编辑、空间分析、数据压缩和曲线光滑、数据格式转换、图形裁剪、空间内插、矢量和栅格数据的相互转换等过程中所产生的误差。

例如,通过将同一地区不同专题的多幅地图进行叠加,产生新的图形和属性信息。在这个过程中,往往产生拓扑匹配、位置和属性方面的数据质量问题:由于叠加时,多边形的边界可能不完全重合,从而产生若干无意义的多边形;对这些无意义多边形进行处理的结果往往会改变边界线的位置;叠加后形成的新多边形,其属性值的确定也可能存在属性组合带来的误差。

（四）使用误差

使用误差是指空间数据在使用过程中出现的误差，包括数据的完备程度、现势性、拓扑关系的正确性、对数据解释与理解的偏差、由应用模型引起的误差、缺少对数据集相关信息的声明所导致的误差等。对于同一空间数据来说，不同用户对它内容的理解和解释可能不同。如果缺少投影类型、数据定义等描述信息，会导致用户对数据的随意使用而使误差扩散。

任务二　空间数据质量控制

[任务概述]

要建立高质量的空间数据库，必须在空间数据生产和使用过程中进行质量管理和质量控制。质量控制贯穿于空间数据库建库的全过程。

一、空间数据质量控制含义

空间数据质量控制是指在数据生产过程中对可能引入误差的步骤和过程加以控制，对数据产品从数据的采集到产品的形成过程进行监督和检查，以达到保证数据质量的目的。

空间数据质量控制可分为过程控制和结果控制，过程控制包括数据采集前期和采集过程中的质量控制；结果控制为数据采集完成后的质量控制，其目的是及时检测和评价数据的误差和精度，采取相应的措施减少误差，消除和改正错误，保证空间数据的质量。

二、空间数据质量控制内容

数字产品按其点位精度、属性内容、应用范围，大体上可以分为数字线划地图、数字栅格地图、数字高程模型、数字正射影像等。因为数据采集手段不同，其质量控制内容也有差异。从空间数据库的内容来看，其矢量数据主要包括几何数据和属性数据两方面，几何数据在地理信息应用中具有基础性和重要性，而属性数据对统计、检索等空间分析也至关重要，几何数据和属性数据之间还存在着多种逻辑关系，因此几何数据和属性数据都是空间数据质量控制的对象。

（一）几何数据精度

几何数据的质量控制是空间数据质量控制的重要内容。数据位置的精度将直接影响数据库的应用，在质量控制检查中，对数据的位置精度进行严格的检查和分析是十分重要的一环。

拓扑关系是用来描述不同空间对象之间的位置关系信息的，是空间数据后续应用和空间分析的基础，因此，空间对象之间关系数据的质量控制是保证空间对象之间逻辑一致性的重要措施。

（二）属性数据精度

属性数据精度检查与控制是矢量数据质量控制中最主要、最复杂、最困难的工作。属性数据的质量特征包括：

（1）描述空间数据的属性项定义（包括名称、类型、长度等）必须正确，属性表中各数据项的属性取值及其单位不得有异常。①标识码是区分和标识空间数据的编码或代码，必须唯一有效、不重复；②空间数据与描述它的属性数据之间的一一对应关系必须正确，空间数据和属性数据必须具有正确的相关性。

(2)描述图形特征的代码必须正确,主要用于区分该目标是实体点、拓扑节点、曲线、折线、特殊面还是一般面等。

(3)要素分层、分类、分级符合规定,目标划分正确。

(4)描述每个地理实体特征的属性编码正确。

(5)属性项完整、正确,属性变换点合理。

(6)属性项按规定更新。

(7)属性扩充码应用符合规定。

自动检查属性数据的正确性目前还是一个难题。例如,原图中的一条河流,数字化时赋予的属性是沟渠,则无法使用软件进行自动检查,需将属性数据可视化,对照底图,用人机交互的方法进行。

(三)空间数据逻辑一致性

空间数据库中的空间数据与文件形式管理的空间数据(如 CAD)之间的本质区别,在于以文件管理空间数据时,更注重数字化线条的颜色、分类、线型及成图质量,而不考虑空间数据之间的关系及数据的后继处理。在空间数据库中,保证空间数据之间拓扑关系的正确性是实现空间数据处理和分析的基础。在进行空间数据逻辑一致性检查时,应重点检查以下几个方面:

(1)空间要素类型定义是否正确。

(2)多边形空间要素是否封闭。

(3)线状空间要素的连接性如何。

(4)组合实体与基础图形要素之间是否正确相关。例如,组合实体"建筑物"由建筑物的外墙、标识码、门牌号等基本要素组成。

(5)是否符合组合实体和基础图形要素间的关系原则或制约,包括:①连接性,如农村道路可与公路连接,但不可与河流连接;②相交性,如公路可与河流相交;③共享性,如墙可与台阶、楼梯、道路边线共享;④位于性,如地类图斑应位于行政区域内;⑤包含性,如基本农田可包含耕地图斑。

(6)所有线状要素相交处是否都建立了节点。

(四)空间数据完整性

地理信息系统中的图形数据、属性数据及注记不得有错漏和偏移,数据必须完备,每组数据文件应完整。

三、空间数据质量控制方法

(一)传统的手工方法

人工方法主要是将数字化数据与数据源进行比较,包括图形检查和属性检查两部分。图形部分的检查包括目视方法、绘制到透明图上与原图叠加比较;属性部分的检查采用与原属性逐个对比或其他比较方法进行。

(二)元数据方法

数据集的元数据中包含了大量有关数据质量的信息,通过它可以进行数据质量检查。同时,元数据也记录了数据处理过程中数据质量的变化信息,通过跟踪元数据可以了解数据质量的状况和变化。

（三）地理相关法

用地理特征要素自身的相关性来分析数据的质量。例如,从地表自然特征的空间分布着手分析,山区河流应位于地形的最低点,因此,叠加河流和等高线两个图层的数据时,河流的位置不在等高线的外凸连线上,则说明两个图层数据中必有一个图层的数据有质量问题;若不能确定哪个图层数据有问题时,可以通过将它们分别与其他质量可靠的数据层叠加来进一步分析。因此,可以建立一个有关地理特征要素关系的知识库,以备各空间数据层之间地理特征要素的相关分析之用。

（四）专用质检软件检查法

根据图形与图形、图形与属性、属性与属性之间的关系和规律编制软件,将需要检查的内容定制到软件中进行检查,把数据中不符合规律、逻辑关系矛盾的要素自动挑选出来并进行修改。

（五）数据生产控制法

在数据生产过程中,数据生产者和质量监督者利用相关方法和手段(如数据抽查)检查与修改数据,进行过程质量控制。

四、空间数据库质量控制流程

为方便介绍,本节以土地利用总体规划数据库为例,讲述数据库质量控制流程。按照生产流程,土地利用总体规划数据库质量控制主要包括数据源质量控制、数据采集质量控制、数据入库质量控制、数据库成果质量检查和验收等环节。

（一）数据源质量控制

土地利用总体规划数据库的数据源主要包括数字正射影像图、等高线、行政区界线、土地权属资料、土地利用资料、基本农田资料等。以上所有基础数据都要经检查符合要求后才能使用,检查的主要内容有数学基础、可靠性与有效性、现势性。

1. 数学基础检查

检查资料的平面坐标系统、投影方式和高程系统是否符合要求。

2. 可靠性与有效性检查

检查资料的真实性、合法性、精度和可靠性等。

3. 现势性检查

检查资料的获取时间,过于陈旧的基础数据资料应酌情使用或不用。

（二）数据采集质量控制

数据采集是数据库建设的一个重要环节,其质量的好坏直接关系到数据能否顺利入库以及今后数据库的使用。数据采集质量控制应从多方面着手:首先,制订数据采集的技术方案与作业流程,统一作业标准,对技术人员进行培训,加强技术人员数据采集的质量意识,尽量降低数据采集过程的出错率;其次,在数据采集过程中,采用人工检查与计算机自动检查等多种方式对数据质量进行严密监控和严格检查。专业质检员应对重要环节重点检查,并填写质量控制检查及处理表。

（三）数据入库质量控制

数据入库前要对采集的数据进行全面质量检查,并对检查的错误进行改正。数据入库前的检查内容主要包括矢量数据几何精度和拓扑检查、属性数据的完整性和正确性检查、图形和属性数据一致性检查、接边精度和完整性检查等,具体流程如图 7-1 所示。质检员在数据入库前要填写数据质量检查表,如表 7-1 所示。

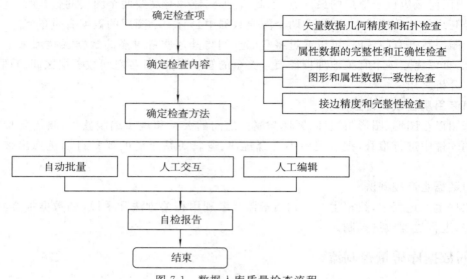

图 7-1　数据入库质量检查流程

表 7-1　数据入库质量检查表

检查项	检查内容	是否符合要求	备注
矢量数据几何精度和拓扑检查	数据基础		
	几何精度		
	完整性		
	拓扑关系		
属性数据的完整性和正确性检查	完整性		
	正确性		
	逻辑一致性		
图形和属性数据一致性检查	图形要素与属性表记录对应		
	面状图层一致性检查		
	点状图层一致性检查		
	线状图层一致性检查		
接边精度和完整性检查	各图幅是否进行接边处理		
	接边质量检查		
注:要求对检查出的错误进行全面修正,确实无法修正的在备注中写明原因。			
其他事宜			
数据库检查员签名		登记日期	
单位领导签名		签字日期	

(四)数据库成果质量检查和验收

数据入库后,质检员要检查图件成果和表格成果的完整性、正确性和逻辑一致性,并填写检查表,如表 7-2 所示。

表 7-2　数据库成果质量检查表

检查项	检查内容	结果	备注
表格成果	输出表格是否完整		
	表格格式是否正确		
	表格的逻辑一致性是否正确		
图件成果	图件是否完整		
	图件是否正确		
	图件的逻辑一致性是否正确		

注:要求对检查出的错误进行全面修正,确实无法修正的写明原因。

其他事宜			
数据库检查员签名		登记日期	
单位领导签名		签字日期	

任务三　空间数据质量评价

[任务概述]

空间数据质量评价方法可以分为直接评价法和间接评价法。直接评价法是通过对数据集进行抽样,并将抽样数据与各项参考信息(评价指标)进行比较,最后统计得出数据质量结果。间接评价法则是根据数据源的质量和数据的处理过程推断其数据质量结果,其中要用到多种误差传播数学模型。目前,在空间数据质量评价中,使用较多的是直接评价法。

一、缺陷扣分法

缺陷扣分法通过计算单位产品的得分值来评价产品的质量。具体操作步骤如下:首先,设置单位产品的满分,一般设为 100 分,先对空间数据产品中存在的缺陷进行判定,按照各缺陷的严重程度进行扣分;然后,将各缺陷的扣分值累加;最后,以满分减去累加的扣分值作为该产品的得分值,由得分值来判定产品质量。

按缺陷的严重程度,将缺陷分为严重缺陷、重缺陷和轻缺陷三种。其中,严重缺陷是指单位产品的极重要质量元素不符合标准,则不经处理用户就不能正常使用的缺陷;重缺陷是指单位产品的重要质量元素不符合标准或者单位产品的一般质量元素严重不符合规定,用户使用时会造成重大影响的缺陷;轻缺陷是指单位产品的一般质量元素不符合标准,对用户使用有轻微影响的缺陷。质量等级一般划分为优秀、良好、合格、不合格四个等级。

缺陷扣分法操作简单方便,对缺陷反应灵敏,缺陷值易于量化,根据缺陷扣分情况,直接对应获得产品的质量等级。但是,在实际工作中,缺陷扣分法也存在着各等级缺陷扣分值跨度过大,评价结果较为粗糙等问题。

二、ISO/TC211 加权平均法

ISO/TC211 加权平均法属于数据质量直接评价方法。具体操作步骤如下:首先,选择适用的数据质量元素及子元素,将数据按特征分成若干地物要素(如耕地、林地、园地、建设用地等),并给每个地物要素按照其重要性分配一个适当的权重比例 W_i(所有地物要素的权重总和等于 1);然后,为每个数据质量元素选择一种数据质量量度,再对数据中的每一种地物要素进

行抽样,统计各地物要素抽样检查所存在的错误与抽样数量之间的比率,得到各地物要素的正确率 C_i ;最后,按照各地物要素的权重计算其加权平均,并把它作为数据质量的结果值,计算公式如式(7-1)所示。

$$R = \sum_{i=1}^{k} (C_i \times W_i) \tag{7-1}$$

式中,R 为数据质量结果值,C_i 为第 i 种地物要素的正确率,W_i 为第 i 种地物要素的权重比例,k 为地物要素的类型总数。

三、基于加权平均的缺陷扣分评价法

基于加权平均的缺陷扣分评价法是对缺陷扣分法和 ISO/TC211 加权平均法的融合,它既考虑同一种地物要素中不同缺陷级别的错误对数据质量结果所产生的影响程度不同,也考虑由于不同地物要素本身在整个数据集中的重要程度不同,而造成这些地物要素中的错误对数据集质量的影响程度不同,因此评价结果较上面两种方法更准确,但操作过程复杂。

四、基于模糊理论的质量评价法

基于模糊理论的质量评价法采用模糊数学综合评判的原理和方法,没有把空间数据质量各等级之间截然分开,而是考虑了等级之间的过渡性。通过确定模糊矩阵,根据最大隶属度原则,进行模糊识别,判定空间数据质量的等级。

基于模糊理论的质量评价法的评价步骤为:

(1)选择质量评价元素集。
(2)确定质量评价等级。
(3)选择质量等级的隶属函数。
(4)确定各级质量元素的权重比例。
(5)根据模糊关系合成法则,计算各等级的值。
(6)根据最大隶属度原则,判定空间数据质量的等级。

实验案例一　　土地利用总体规划数据库质量问题来源分析

一、土地利用总体规划数据库介绍

按《乡(镇)土地利用总体规划数据库标准》(以下简称《标准》)规定,土地利用总体规划数据库内容包括基础地理信息要素、土地利用总体规划要素和其他要素三部分。其中,基础地理信息要素用于描述规划区的自然地理条件,包括境界与行政区、地貌及地理名称注记等要素,为空间要素;土地利用总体规划要素用于表达规划区内土地的规划信息,包括基期现状要素、目标年规划要素、规划基础信息要素、规划文档资料要素、规划表格要素和规划栅格图要素等,除规划文档资料要素、规划表格要素,都为空间要素;其他要素用于说明数据库的内容、覆盖情况、质量、管理方式、数据的所有者、数据的提供方式等有关情况,包括数据库说明文档与元数据,其中元数据为空间要素。土地利用总体规划数据库中的空间要素构成了规划空间数据库,

非空间要素构成了规划非空间数据库,如图 7-2 所示。

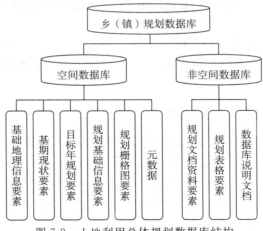

图 7-2　土地利用总体规划数据库结构

　　本案例在土地利用总体规划数据库建设完成后,分析数据库中可能存在的质量问题及其来源。

二、土地利用总体规划数据库质量问题来源

　　在土地利用总体规划数据库建设过程中,各种操作、转换和处理都会引起质量问题。一般来说,数据处理、转换的次数越多,数据库中引入新质量问题的可能性就越大。从来源上分析,土地利用总体规划数据库质量问题可分为源数据质量和数据处理质量。源数据质量包括源数据自身的质量问题和入库前转换操作质量问题,如坐标转换、格式转换带来的质量问题。数据处理质量包括数据入库操作质量问题和数据入库后编辑处理质量问题。经分析,土地利用总体规划数据库具体质量问题来源如表 7-3 所示。

表 7-3　土地利用总体规划数据库质量问题来源分析

类型	质量问题来源	描述
源数据质量问题	基础数据	基础数据本身存在的属性缺失、位置不准、逻辑关系不一致等问题
	规划数据	规划数据在生产过程中,由于数据的多次编辑或操作不规范,会造成要素重复、要素压盖、要素空间位置偏移、碎线、碎面、缝隙、属性赋值错误等单要素类质量问题。另外,规划数据可能还存在规划布局错误及规划要素统计数据不符合指标要求等问题
	坐标转换	空间坐标转换可能会造成要素变形、空间位置偏移等质量问题
	格式转换	空间数据格式转换可能会产生信息丢失、数据冗余、要素变形及空间数据拓扑关系不正确等质量问题
数据处理质量问题	数据入库	由于计算机精度、数据库比例尺、最小容限值等不同,数据入库过程会导致质量问题
	图形数据编辑	图形数据的编辑可能会引起要素自相交、悬挂线、伪节点、碎面、碎线及空间要素关系错误等质量问题
	属性数据编辑	属性数据的编辑可能会引起数据遗漏、属性赋值错误等质量问题
	图层类型转换	存在继承关系的图层,如父图层的有些质量问题会传递到子图层

实验案例二　土地利用总体规划数据库质量控制与评价

土地利用总体规划数据库建设完成后,数据库中的数据内容、结构、质量要求及质量控制等要严格遵循国土资源管理部门发布的标准,按照数据库汇交要求提交数据库成果。因此,必须对其进行质量控制与评价。

一、土地利用总体规划数据库质量控制流程

土地利用总体规划数据库质量控制从流程上可以划分为三个主要步骤:一是分析空间数据质量问题的来源,建立质量元素的描述指标;二是通过确定质检内容、质检标准、质检方法等,建立一套质量检查体系,对土地利用总体规划数据库进行质量检查,并对检查结果进行评价;三是通过质量检查的结果,制订质量问题修复方案,以期通过修复使数据库达到汇交要求。土地利用总体规划数据库质量控制流程如图 7-3 所示。

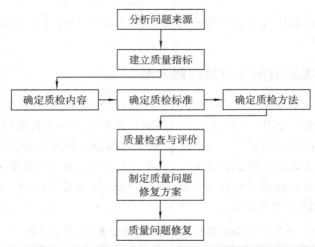

图 7-3　土地利用总体规划数据库质量控制流程

二、土地利用总体规划数据库质量检查内容

参照《乡(镇)土地利用总体规划编制规程》(TD/T 1025—2010)和《土地利用总体规划数据质量检查细则》,根据规划空间数据库的内容和质量元素,将其质量检查的内容分为数据完整性检查、数据准确性检查和数据一致性检查三类。

数据完整性检查包括图层完整性、数据有效性、属性完整性和元数据完整性等;数据准确性检查包括数据格式正确性、数学基础、行政区范围、图层名称规范性、属性数据结构准确性、代码一致性、数值范围符合性、编码唯一性等;数据一致性检查包括点要素层内拓扑关系、线要素层内拓扑关系、面要素层内拓扑关系、线面拓扑关系、面面拓扑关系、数据拼接、碎片多边形、碎线检查、图属一致性等,如表 7-4 所示。

表 7-4 土地利用总体规划数据库质量检查内容

检查分类	检查项目	检查内容
数据完整性检查	图层完整性	必选图层是否完备
		图层内空间要素是否有缺失
	数据有效性	数据文件是否能正常打开,是否有效
	属性完整性	检查图层的必备属性字段是否完备
		必填字段是否为空
	元数据完整性	检查必需的元数据是否完整
数据准确性检查	数据格式正确性	是否符合数据库设计成果规定的文件格式
	数学基础	平面坐标系统是否采用 1980 西安坐标系
		高程系统是否采用 1985 国家高程基准
		投影方式是否使用高斯-克吕格投影
	行政区范围	行政区范围是否与第二次全国土地调查使用的行政区范围一致
	图层名称规范性	图层名称是否符合数据库设计成果要求
	属性数据结构准确性	属性字段的名称、类型、长度、小数位数是否符合设计成果要求
	代码一致性	要素代码取值是否符合设计成果要求
	数值范围符合性	字段的取值是否在给定的数值范围内
	编号唯一性	标识码字段取值是否唯一
数据一致性检查	点要素层内拓扑关系	层内要素是否重叠
	线要素层内拓扑关系	层内要素是否重叠或自重叠,相交或自相交
	面要素层内拓扑关系	层内要素是否自相交、是否自重叠
	线面拓扑关系	行政区界线层是否与行政区面要素层边界重合
		线状图层是否超出行政区范围
	面面拓扑关系	图斑图层是否被行政区图层所覆盖
	数据拼接	图幅间的数据拼接是否正确、完整
	碎片多边形	面要素层是否存在图上小于 4 mm² 的碎片多边形
	碎线检查	线要素层是否存在小于 0.02 mm 的碎线
	图属一致性	线要素的长度、面要素的面积、图斑面积是否与图形相一致

三、质量检查与修改

(一)图层完整性、图层名称规范性、属性数据结构准确性的检查

(1)图层完整性及图层名称规范性检查。打开 ArcCatalog 软件,在目录树中找到所要检查的数据,进入要素数据集中,结合数据库设计成果要求,对照检查图层的完整性、图层名称的规范性等,如图 7-4 所示。

(2)属性数据结构准确性检查。分别选择要素数据集中的各个要素图层,如 JQDLTB(基期地类图斑),单击右键选择【属性】→【字段】,选中各项字段名,核对字段名称是否正确,字段数据类型、属性结构是否符合要求,如图 7-5 所示。

图 7-4　图层完整性及图层名称规范性检查

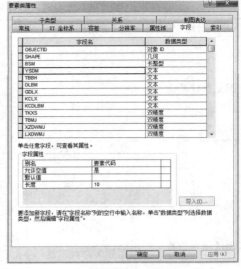

图 7-5　要素层字段结构

(二)数学基础准确性检查

单击工具栏中的 ⬆ 按钮,选择要素数据集,单击右键选择【属性】,在对话框中选择【XY 坐标系】,查看其投影信息是否符合要求,如图 7-6 所示。

图 7-6　数学基础信息显示

图 7-7　频数工具

(三)编号唯一性、代码一致性检查

打开 ArcMap 软件,添加要素,如 JQDLTB。单击工具栏中的 ⬚,打开 ArcToolbox,选择【分析工具】→【统计分析】→【频数】,如图 7-7 所示。在"输入表"中选择 JQDLTB,在"频数字段"中选择 BSM,如图 7-8 所示。打开频数分析结果,如图 7-9 所示,FREQUENCY 即是频数字段,即 BSM 出现的个数。在该字段处单击右键选择【降序排列】，即可查看 BSM 出现的个数，如果频数都等于 1，表示 BSM 字段没有重复值，否则频数代表了 BSM 重复出现的次数。查到错误后，返回 JQDLTB 属性表，对相应记录进行查找、修改。

同理，使用频数功能可以查询包括 DLBM 等在内的属性代码，并人工检查是否与数据库设计成果相一致。

图 7-8 频数统计功能

图 7-9 频数分析结果

（四）拓扑检查

打开 ArcCatalog，进入要素数据集。单击右键，新建拓扑，输入拓扑名称为"DS_Topology"，拓扑容差为 0.0001 米，如图 7-10 所示。单击【下一步】，勾选需要进行拓扑检查的图层，如图 7-11 所示；单击【下一步】设置拓扑要素层的等级，即高级别的要素图形不变，变更低级别要素向高级别要素接边，这里我们不进行任何更改，如图 7-12 所示；单击【下一步】，在拓扑规则添加对话框中单击【添加规则】，按表 7-5 土地利用总体规划数据库拓扑检查规则要求添加拓扑规则，如图 7-13 所示；单击【下一步】，进入拓扑规则检查确认对话框，检查无误后，单击【完成】。软件询问"已经创建拓扑，是否要立即验证"，单击【是】，进行验证，完成拓扑检查。完成后在要素集内生成拓扑要素层"DS_Topology"。

图 7-10 输入拓扑名称及容差

图 7-11 选择拓扑要素层

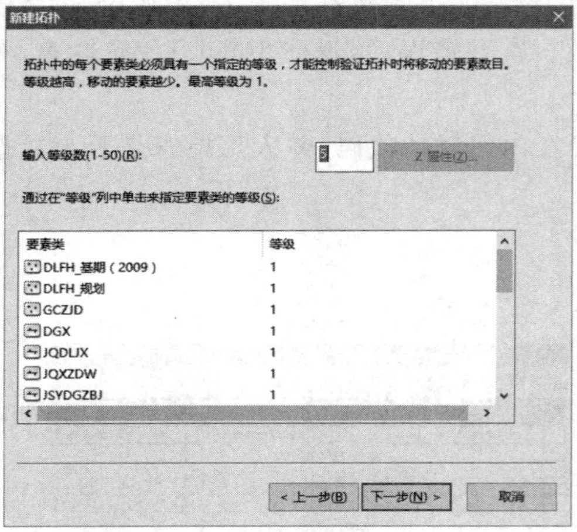

图 7-12　设置拓扑要素层等级

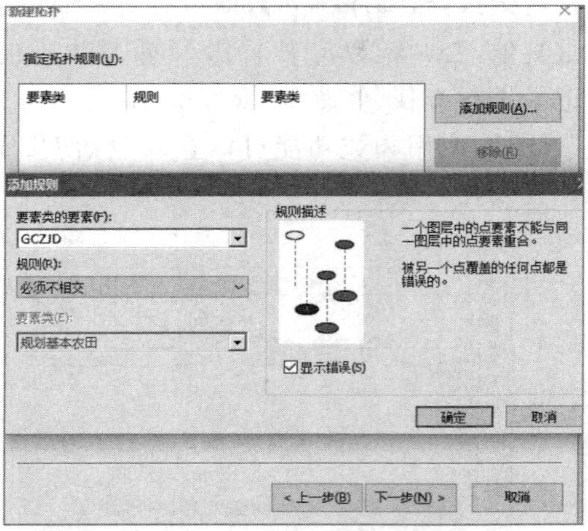

图 7-13　添加拓扑规则

表 7-5　土地利用总体规划数据库拓扑检查规则

对象类型	拓扑规则	图层 A	图层 B	规则描述
单图层内				
点	必须不相交	所有点	—	点要素不能重合
线	不能有悬挂点	所有线图层	—	不能有悬挂点
	不能有伪节点	所有线图层	—	不能有伪节点
	不能重叠	所有线图层	—	不同要素间不能重叠
	不能自重叠	所有线图层	—	单个要素不能自重叠
	不能相交	XZQJX 和 JQDLJX	—	不同要素间不能相交
	不能自相交	所有线图层	—	单个要素不能自相交
面	不能重叠	所有面图层	—	要素相互不能重叠
	不能有空隙	JQDLTB 和 XZQ	—	连续的多边形区域中间不能有缝隙
两图层间				
点＋面	必须完全位于内部	所有点图层	XZQ	点图层的要素必须全部在面图层内
线＋面	必须位于内部	所有线图层	XZQ	线图层的要素必须全部在面图层内
	必须被面的边界覆盖	XZQJX	XZQ	线图层的要素必须与面图层的边界完全重叠
		JQDLJX	JQDLTB	
面＋面	必须被其他要素覆盖	所有面图层	XZQ	第一个面图层必须被第二个面图层完全覆盖
	不能与其他要素重叠	JSYDGZQ	TDYTQ	两个面图层的要素相离

(五)拓扑修改

打开 ArcMap，将空间数据添加至内容列表。在空白面板处单击右键，选择【拓扑】工具。单击【编辑器】，选择【开始编辑】，此时，拓扑工具处于激活状态。单击拓扑工具栏中的按钮，打开选择拓扑对话框，选择编辑对象为【DS_Topology】，单击【确定】，如图 7-14 所示。

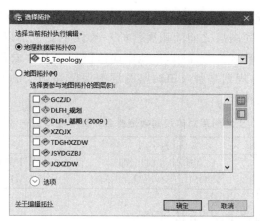

图 7-14　选择拓扑

单击拓扑工具栏中的 按钮,打开【错误检查器】,如图 7-15 所示,单击【立即搜索】,选中错误记录,单击右键选择【缩放至】,将拓扑错误缩放至地图编辑器中。单击 ,选中错误数据,综合使用工具栏中的拓扑修改边 、拓扑整形要素 ,以及编辑工具栏中的追踪工具 、编辑折点工具 、整形要素工具 、裁剪面工具 、打断工具 ,以及高级编辑工具栏中的靠近线工具 、缩短线工具 等对拓扑错误进行修改。

错误检查器							
显示:	<所有规则	缩放至(Z)		25 个错误	立即搜索	☑错误	
	平移至(P)						
规则类型	选择要素 缩放至	s 2	形状	要素 1	要素 2	异常
不能与其他要素重叠		缩放至活动的错误。	BNTBHQ	面	1	3	False
不能与其他要素重叠	显示规则	BNTBHQ	面	1	1	False
不能与其他要素重叠	创建要素	GHJBNTBHQ	面	1	5	False
不能与其他要素重叠	标记为异常(X)	GHJBNTBHQ	面	1	4	False
必须被其他要素要盖	标记为错误(E)	GHJBNTBHQ	面	1	0	False

图 7-15　拓扑错误检查器

(六)数据取值一致性检查

土地利用总体规划数据库遵循数据取值一致性的标准,包括要素空间坐落一致性、要素图形数据与属性数据取值一致性、属性一致性及空间要素图上面积与规划指标一致性等。

(1)要素空间坐落一致性,指基期地类图斑、土地用途区等图层中要素的行政区代码(XZQDM)与行政区图层内相应区域的行政区代码一致。

(2)要素图形数据与属性数据取值一致性,指属性表中包含长度或面积字段的空间要素,其图形数据计算的长度或面积值应与属性表中相应字段值一致。需要注意的是,土地利用总体规划数据库中有些面状要素的面积字段取值为要素的净面积,如表 7-6 所示。

表 7-6　土地利用总体规划数据库中需计算净面积的字段

字段名称	字段代码	所属图层
图斑地类面积	TBDLMJ	JQDLTB
规划地类面积	GHDLMJ	TDGHDL
耕地面积	GDMJ	GHJBNTBHQ
基本农田面积	JBNTMJ	GHJBNTBHQ

（3）属性一致性检查包括同一图层属性表中各属性字段的一致性（表 7-7）和不同图层之间面积属性的一致性。不同图层之间面积属性的一致性主要包括以下内容：覆盖某一行政区的图层总面积应等于该行政区的总面积，土地用途区图层中基本农田保护区面积应等于基本农田保护区图层面积之和，规划基本农田调整图层中保留和调入的面积之和应等于规划基本农田保护区中基本农田面积等。

表 7-7　土地利用总体规划数据库各属性字段取值一致性规则

所属图层	相关字段	取值一致性规则
JQDLTB	TBMJ、TBDLMJ	TBMJ≥TBDLMJ
GHJBNTBHQ	NYDMJ、JBNTMJ、GDMJ	NYDMJ≥JBNTMJ≥GDMJ

四、土地利用总体规划数据库质量评价

（一）土地利用总体规划数据库质量评价原则

（1）科学性原则。科学性原则是指构建土地利用总体规划数据库质量评价指标体系及评价的实施过程和方法的选择都必须科学、合理、准确。土地利用总体规划数据库质量评价的目的是增强质量意识，提高空间数据的质量。因此其质量评价体系必须具备科学性，各项评价指标有科学依据、定义明确，能够真实反映空间数据库的实际水平与质量状况，从而为空间数据库质量的提高起到导向作用。

（2）全面性原则。土地利用总体规划数据库中的数据类型多样、数据关系复杂。在构建评价指标体系时，必须要全面兼顾，涵盖数据库的所有内容，这样得出的评价结果才能全面反映数据库的质量情况。

（3）实用性原则。土地利用总体规划数据库质量评价需符合实用性原则。所有评价指标要稳定可靠，并能进行量化计算。同时，选用的评价方法要实际可用，评价结果能直观反映数据库质量水平。

（二）土地利用总体规划数据库质量评价方法

土地利用总体规划数据库质量评价采用缺陷扣分法。以百分制表征空间数据库的质量水平，先对土地利用总体规划数据库中的缺陷进行级别判定，并对各缺陷按其级别分别进行扣分，最后用满分 100 分减去总的扣分值作为数据库的得分，并由得分值大小判别数据库的质量。

根据土地利用总体规划数据库各项质量检查内容对数据库质量影响程度的大小，对质检内容进行缺陷级别划分，如表 7-8 所示。

表 7-8　土地利用总体规划数据库质量评价表

缺陷级别	检查项目
Ⅰ级缺陷	图层完整性
	数据有效性
	属性项完整性
	数据格式正确性
	数学基础正确性
	行政区范围
	图层名称规范性
	属性数据结构准确性

续表

缺陷级别	检查项目
Ⅱ级缺陷	代码一致性
	编码唯一性
	点要素层内拓扑关系
	线要素层内拓扑关系
	面要素层内拓扑关系
	线面拓扑关系
	面面拓扑关系
	图属一致性
Ⅲ级缺陷	碎片多边形
	碎线检查

（三）土地利用总体规划数据库质量评价实施

根据各级缺陷对土地利用总体规划数据库的影响程度,制订扣分标准,如表 7-9 所示。数据库质量等级分为合格和不合格两个等级标准。

表 7-9　各级缺陷扣分标准

缺陷等级	Ⅰ级缺陷	Ⅱ级缺陷	Ⅲ级缺陷
缺陷扣分制	100	1	0.1

实施过程如下:有变量 X、Y、Z,其中,X 为Ⅰ级缺陷数,Y 为Ⅱ级缺陷数,Z 为Ⅲ级缺陷数。

第一步:先计算 $Q_X = 100$,$Q_Y = 1 \times Y$,$Q_Z = 0.1 \times Z$;(Q_X 为Ⅰ级缺陷扣分,Q_Y 为Ⅱ级缺陷扣分,Q_Z 为Ⅲ级缺陷扣分)。注:如存在Ⅰ级缺陷,则质量总分 $Q = 0$;如不存在Ⅰ级缺陷,则转第二步。

第二步:计算数据库质量总分 $Q = 100 - (Q_X + Q_Y + Q_Z)$。

第三步:根据 Q 的分值按以下规则给土地利用总体规划数据库定级。

(1)当 $Q < 80$ 时,数据库质量不合格。

(2)当 $80 \leqslant Q \leqslant 100$,数据库质量合格。

职业能力训练

[训练一]

空间数据库的质量控制。

实训目的:熟悉空间数据质量检查和控制的内容;掌握空间数据质量检查和控制的方法;能对建立的空间数据库进行质量检查和控制。

实训内容:结合自己建立的土地利用总体规划数据库,从数据完整性与规范性、逻辑一致性、图形与属性数据采集、拓扑关系处理等方面进行数据库质量检查和控制。

[训练二]

空间数据库的质量评价。

实训目的:熟悉空间数据质量评价的内容;掌握空间数据质量评价的方法;能对建立的空间数据库进行质量评价。

实训内容：按照表 7-10 评价标准，分别从图形数据、属性数据、时间数据和元数据四个方面对自己建立的空间数据库进行质量评价，并得出评价结果。

表 7-10 空间数据质量评价标准

类别	评价标准
图形数据	1. 无遗漏或冗余的图层，各图层之间相互重叠的点、线、面是否能保持基本一致，不扭结、不交叉、不裂缝等 2. 图层无冗余的多边形碎片，孤立的点、线要素合理，悬挂的线要素合理，图层中各要素与对应属性项的表达一致 3. 乡(镇)级行政区划、县(市)级行政区划、地(市)级行政区划、地类和地域分区等图层，做到全域覆盖，不重不漏 4. 图层要素的平面拼接一致 5. 空间坐标系表示正确、规范 6. 数学基础精度、控制点精度、地貌地物平面精度、地貌地物高程精度、接边精度、点位密度等符合设计标准
属性数据	1. 属性数据格式符合格式与代码的规定，符合主题和专题要求，且条理清楚、分类正确、定义简练，能充分表达出要表达的信息，符合自然语言，属性数据容易理解 2. 能充分表示各种不同地物地貌要素。满足应用需求，能完整输出不同图饰符号并清晰、易读、完整 3. 连接码唯一有效、不重复；标识码唯一有效、不重复；关键属性数据具有唯一性，没有重复重叠 4. 属性数据与空间数据连接可靠；所有需要连接的数据没有出现逻辑裂隙；满足相应连接规范的要求；可以按图幅连接表达
时间数据	1. 数据采集时间精确，无错漏 2. 数据更新时间精确，无错漏 3. 数据检查时间精确，无错漏
元数据	1. 数据项齐全，内容正确、无遗漏 2. 数据项表达合理、清晰 3. 满足面向对象特性，具有良好的向后兼容性 4. 能支持各项查询、修改等操作

练习题

一、单项选择题

1. 图形数据是空间数据库中一类重要数据，图形数据检查的主要内容有（　　）。
   A. 空间精度检查
   B. 逻辑一致性检查
   C. 线段自相交、两线相交错误和公共边错误等检查
   D. 完整性与正确性检查

2. 下列不属于空间数据库质量检查内容的是（　　）。
   A. 空间精度检查　　　　　　　　　　B. 质量精度检查
   C. 属性精度检查　　　　　　　　　　D. 完整性与正确性检查

3. 下列有关源误差的说法正确的是（　　　）。

   A. 源误差是指数据编辑和处理过程中产生的误差

   B. 源误差包括测量数据、地图本身及地图数字化、遥感数据等的误差，其产生是可以避免的

   C. 源误差的产生是不可避免的，它会随着科学技术的发展和人类认知范围的提高而不断缩小

   D. 以上说法都不对

4. 既考虑同一种地物要素中不同缺陷级别的错误对数据质量结果所产生的影响程度不同，也考虑不同地物要素本身在整个数据集中的重要程度不同的空间数据质量评价方法是（　　　）。

   A. 基于加权平均的缺陷扣分评价法　　　　B. ISO/TC211 加权平均法

   C. 缺陷扣分法　　　　　　　　　　　　D. 基于模糊理论的质量评价方法

5. 下列选项中不属于数据完备性的是（　　　）。

   A. 数据分类的完备性　　　　　　　　　B. 实体类型的完备性

   C. 文件类型的完备性　　　　　　　　　D. 属性数据的完备性

6. 下列选项中不属于位置精度的是（　　　）。

   A. 数学基础精度、平面精度、高程精度　　B. 接边精度

   C. 像元定位精度　　　　　　　　　　　D. 属性内容完整

7. 源误差不包括（　　　）。

   A. 测量数据误差　　　　　　　　　　　B. 地图本身及地图数字化产生的误差

   C. 数据投影转换产生的误差　　　　　　D. 遥感数据误差

8. 处理误差不包括（　　　）。

   A. 几何纠正、坐标变换和比例变换、投影变换产生的误差

   B. 测绘过程产生的误差

   C. 几何数据的编辑

   D. 数据格式转换产生的误差

9. 下列选项中属于使用误差的是（　　　）。

   A. 缺少元数据产生的误差　　　　　　　B. 数据压缩和曲线光滑产生的误差

   C. 遥感影像人工解译产生的误差　　　　D. 制图变形产生的误差

10. 下列选项不属于属性数据精度控制内容的是（　　　）。

   A. 要素分层、分类、分级是否符合规定，目标划分必须正确

   B. 描述每个地理实体特征的属性编码必须正确

   C. 描述空间数据的属性项定义必须正确

   D. 要素之间的拓扑关系必须正确

11. 下列选项不属于空间数据逻辑一致性质量控制内容的是（　　　）。

   A. 空间要素类型定义是否正确　　　　　B. 标识码必须唯一有效、不重复

   C. 多边形空间要素是否封闭　　　　　　D. 线状空间要素的连接性

12. 使用缺陷扣分法对空间数据质量进行评价，评价结果不包括（　　　）。

   A. 严重缺陷　　　　B. 重缺陷　　　　C. 轻缺陷　　　　D. 无缺陷

二、填空题

1. 空间数据质量的评价方法可以分成_____和_____。

2. 误差是指_____与_____的偏离。

3. 空间数据质量是空间数据在表达地理实体的位置及其属性时,所能够达到的_____、_____、_____,以及它们之间的统一程度。

4. 空间数据质量控制是指在数据生产过程中对可能引入误差的_____和_____加以控制,对数据产品从数据的采集到产品的形成过程进行监督和检查,以达到保证数据质量的目的。

5. 数据现势性即数据的时间精度,指空间数据时间信息的可靠性,包括_____、_____等。

6. _____是矢量数据质量控制中最主要、最复杂、最困难的工作。

7. _____是指空间数据录入后进行数据处理过程中产生的误差。

8. 空间数据质量控制方法有_____、_____、_____、_____。

9. 通过计算单位产品的得分值来评价产品的质量的方法称为_____。

10. 空间数据的_____表示数据对现象描述的详细程度。

11. 空间数据的_____是指一个记录值(测量或观察值)与它的真实值之间的接近程度。

12. _____是两个可测量数值之间最小的可辨识的差异。_____可以看作是记录变化的最小幅度。

13. 属性精度包括_____、_____、名称的正确性、_____、注记的正确性等。

14. 空间数据库数据的逻辑一致性包括数据结构、数据内容,以及_____的内在一致性。

15. 数据完备性指地理数据在_____、_____和结构等方面满足所有要求的完整程度。

16. _____是指空间数据在使用过程中出现的误差。

17. 空间数据质量控制可分为_____和_____,前者包括数据采集前期和采集过程中的质量控制,后者为数据采集完成后的质量控制。

三、问答题

1. 简述空间数据质量的概念。
2. 空间数据质量问题的主要来源有哪些?
3. 空间数据库质量检查的主要内容有哪些?
4. 简述如何对空间数据库进行质量控制。
5. 简述如何对空间数据库进行质量评价。

项目八 空间数据库更新与维护

[项目概述]

空间数据库更新与维护是数据库保持生命力的重要保证，是数据库生命周期中重要而又日常的环节。本项目首先介绍了空间数据库更新与维护的基本概念、内容和方法等，然后结合土地利用总体规划数据库案例，讲述了在 ArcGIS 平台下进行空间数据更新的具体操作步骤。

[学习目标]

掌握空间数据库更新与维护的基本概念和内容，能利用 ArcGIS 软件进行空间数据库更新和维护。

任务一 空间数据库更新

[任务概述]

使用空间数据库时，经常会发现数据库中原有的一些数据已经过时，无法满足用户需求，这就需要对空间数据库进行更新。空间数据库更新主要以数据库中具体的数据内容发生变化为主，如图形要素的位置变化、边界变更、属性信息变更等，或是向表中添加若干数据要素、增加属性、修改和删除表中的数据等。

在实际应用中，常见的空间数据更新主要有地理要素增减、地理要素及属性数据变更、数据格式变化、坐标系统变更等。造成上述变更的原因主要有：自然变化，如河流、湖、塘、沟渠形态的变化、水土流失等；人为变化，如城市建设、道路改造、大型工程建设等。

一、地理要素增减

地理空间数据库中存储的数据通常由多类要素，如行政区、地形地貌、市政设施、土地利用、其他专题要素等构成。随着空间数据库应用的深入，经常会发生地理要素类增减的情况。

要素类的删除一般选择移除操作，这实际上只是将要素类从空间数据库中移除，并未真正删除该要素类；若后面还需要使用该要素类，可以重新将其加载进来。当然，也可以物理删除要素类，但一旦删除后将不能恢复。

要素类的增加分为创建新的要素类和加载已有要素类。

二、地理要素及属性数据变更

地理要素及属性数据变更是最常见也是最基本的数据库更新操作，主要涉及地理要素及属性数据的增加、删除及变化等。下面以土地利用总体规划数据库为例进行说明。在土地利用总体规划数据库中，地理要素及属性数据的变更主要分为四种类型：单图斑内单起变更、单图斑内多起变更、多图斑内单起变更、多图斑内多起变更。

（一）单图斑内单起变更

单图斑内单起变更包括两种类型：

（1）整图斑变更。整图斑变更指整个图斑的土地利用类型、权属性质等发生变化，但图斑边界范围不变。如某个旱地图斑由于农业结构调整完全变更为果园、某个建设用地图斑的权属性质由集体变为国有等。

（2）部分图斑发生变更。如某个旱地图斑的一部分变更为农村居民用地，原图斑变为两个图斑，图斑的边界范围和属性均发生变化。

（二）单图斑内多起变更

单图斑内多起变更指单个图斑内有多个部分发生变化。如 A 乡甲村有一块旱地，该旱地一部分由于农业结构调整变为果园用地，另一部分变更为林地。

（三）多图斑内单起变更

多图斑内单起变更指涉及不同图斑合并、分割的变更类型。如 A 乡甲村经相关部门批准，新开垦了一块旱地，该旱地位于相邻的荒草地和盐碱地之间，则原有的荒草地和盐碱地图斑面积减少且边界发生了变化，而新开垦旱地图斑的面积为前两个图斑面积减少之和。

（四）多图斑内多起变更

多图斑内多起变更指在多个图斑内发生合并、分割或属性变化，称为综合变更。如 A 乡甲村经相关部门批准，修建了一条公路，涉及图斑为旱地、国有有林地和果园；在修建公路的同时，旱地内新建公路的北侧变为果园；国有有林地一边建设一边申办国有建设用地审批手续，属未批先建；果园内又修建了一条农村道路。

三、数据格式变化

空间数据库在应用过程中，经常会涉及与其他 GIS 平台数据或 CAD 数据之间的数据共享问题，这必然要进行数据格式的转换。由于目前还没有统一的空间数据存储标准，所以在进行数据格式转换时应尽量将信息损失降到最小。

四、坐标系统变换

空间数据库在应用过程中也会遇到坐标系统变换问题。在进行相关操作时，需要重点检查变换后的数据库中所有数据的坐标系统是否统一。

任务二　空间数据库维护

［任务概述］

建立空间数据库是一项耗费大量人力、物力、财力的工作，各方都希望能应用得好，生命周期长，而要做到这一点，就必须不断地对它进行维护，即调整、修改和扩充。为做好数据库的维护工作，首先应做好以下几项工作：

（1）数据库使用单位应建立数据库系统更新和维护制度。

（2）应充分考虑数据库系统更新和维护的经费、人员预算和其他投入等。

（3）数据库系统运行条件尚不成熟时，可委托建库承担单位在一段时间内进行跟踪运行服务、系统维护及技术培训等工作。

一、空间数据库维护的内容

空间数据库维护包括以下几个方面的工作。

（1）数据文件的维护。业务发生了变化，从而需要建立新文件，或者对现有文件的结构进行修改。

（2）数据库的转储和恢复。数据库的转储和恢复是系统正式运行后最重要的维护工作之一。数据库管理员针对不同的应用要求制订不同的转储计划，定期对数据库和日志文件进行备份，以确保一旦发生故障，能利用数据库及日志文件备份，尽快将数据库恢复到某种一致性状态，并尽可能减少对数据库的破坏。

（3）数据库性能的监督、分析和改进。在数据库运行过程中，监督系统运行，对监测数据进行分析，找出改进系统性能的方法。通过仔细地分析，判断系统是否处于最佳运行状态，如果不是，则需要通过调整某些参数来进一步改善数据库性能。

（4）机器、设备的维护。需要对机器、设备进行日常维护与管理。一旦发生小故障，要有专人进行修理，保证系统的正常运行；做好计算机病毒的预防与清除工作。

二、空间数据库的维护方法

（一）空间数据库的重组织

空间数据库的重组织指在不改变空间数据库原来逻辑模型和物理模型的前提下，改变数据的存储位置，将数据重新组织和存放。空间数据库在长期的运行过程中，经常需要对数据记录进行插入、修改和删除操作，这必然会降低存储效率，浪费存储空间，从而影响空间数据库系统的性能。所以，在空间数据库运行过程中，要定期对数据库中的数据重新进行组织。由于数据库重组要占用系统资源，故重组工作不能频繁进行。

（二）空间数据库的重构造

空间数据库的重构造指局部改变空间数据库的逻辑模型和物理模型。一般情况下，应避免进行空间数据库的重构造，如果修改和扩充的内容太多，就要考虑开发新的应用系统。

（三）空间数据库的完整性、安全性控制

一个运行良好的空间数据库必须保证数据库的完整性和安全性。空间数据库的完整性是指数据的正确性、有效性和一致性，主要由后映像日志来完成，它是一个备份程序，当发生系统或介质故障时，可以利用它对数据库进行恢复。空间数据库的安全性指对数据的保护，主要通过以下几个方面来实现。

1．建立技术文档管理制度

为保护数据，必须建立技术文档管理制度，主要包括：妥善保存技术资料及文档；建立严格的借阅手续和提取资料制度；具备发生故障时所需的替代文本和系统恢复时所需的规定文本等。

2．数据加密处理

数据加密处理主要包括文件加密和数据库加密。文件加密是将文件中的数据在文件密钥的控制下，使用某种加密算法，进行加密变换后再进行密文存储，也可用软件加密来实现，文件加密的密钥是重点保护对象。数据库加密是在操作系统和数据库管理系统的支持下，对数据库的文件或记录进行加密保护，具体有两种方法：①在数据库中加入加密模块从而对库内数据

进行加密;②库外的文件系统内加密,形成存储模块,再交给数据库管理系统进行数据库存储管理。

需要注意的是,在数据库运行过程中,由于应用环境的不同,对安全性的要求也会发生变化。例如,有的数据原来是机密的,但现在可以公开查询,或者系统中用户的密级发生改变,以上这些情况都需要数据库管理员根据实际需要动态地修改原有的安全性控制。

3. 数据存取控制

数据存取控制是对数据存取方式和权限进行控制,以免数据被非法使用和破坏。存取权限是指数据库系统必须具有对用户的存取资格和权限进行检查的功能,只有检查合格的用户才有权进入数据库系统。在数据库应用中,应根据用户的实际需要授予不同的操作权限。实际操作过程中,可以采用用户识别、密钥识别、个人特征标识和用户权限控制等技术进行保护,以防止数据被破坏和非法复制。

4. 数据备份

为有效地保护数据,必须建立数据备份制度。具体操作中,可采用把数据复制到外部存储设备(如光盘、移动硬盘等)或异地备份等方法来进行。

5. 数据的法律保护

为保护数据,法律明确规定建库承担单位不得复制、丢失和涂改原始资料,不得向任何第三方复制、转让与数据库建设有关的电子数据,不得擅自使用与数据库建设有关的电子数据;建库承担单位在数据采集及建库完毕后,应在规定时间内将原始资料归档并提交给上级主管部门。

实验案例　土地利用总体规划数据库更新

本案例利用 ArcGIS 软件,对土地利用总体规划数据库进行数据更新操作,主要从地理要素及属性数据变更、坐标系统变换两个方面介绍。

一、地理要素及属性数据变更

在土地利用总体规划数据库中,地理要素及属性数据的变更主要分为四种类型:单图斑内单起变更、单图斑内多起变更、多图斑内单起变更、多图斑内多起变更。具体描述参见任务一说明,以下仅介绍在 ArcGIS 中的具体操作方法。

(一)单图斑内单起变更

该类变更包括两种类型:整图斑变更和部分图斑发生变更。

整图斑变更操作步骤如下:先找到需要发生变更的图斑,再通过属性表修改其相应属性。如图 8-1 所示,地块 205 为其他林地,通过开垦整治,现整块变更为果园。

部分图斑变更操作步骤如下:先找到需要发生变更的图斑,按变更位置确定范围,再通过属性表填写其相应属性。如图 8-2 所示,地块 208 为水田,李家村一村民在左下角修建了一栋房屋,产生了部分图斑变更。

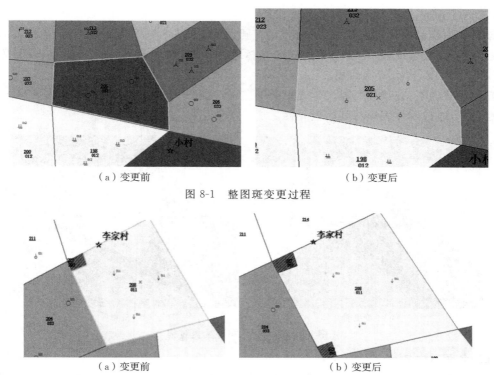

（a）变更前   （b）变更后

图 8-1   整图斑变更过程

（a）变更前   （b）变更后

图 8-2   部分图斑变更过程

（二）单图斑内多起变更

该类变更指单个图斑内有多个部分发生变化。如图 8-3 所示，A 乡大村有一块水田，图斑编码为 202/011，没有田坎面积，其中有一条农村道路，编码为 104/201。该水田一部分由于农业结构调整变为果园用地，另一部分由于灾毁变为水浇地。

操作步骤如下：先找到需要发生变更的图斑，按变更位置确定范围，再通过属性表填写其相应属性。

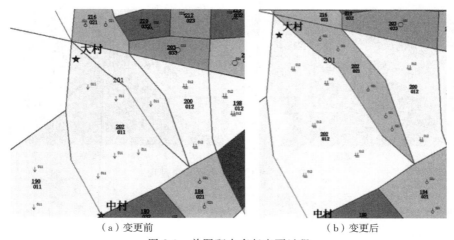

（a）变更前   （b）变更后

图 8-3   单图斑内多起变更过程

（三）多图斑内单起变更

该类变更指涉及不同图斑合并、分割的变更类型，如图 8-4 所示，A 乡小村经相关部门批准，新开垦了一块旱地，该旱地位于相邻的有林地（图斑编码为 194/031）和灌木林（图斑编码为 206/032）之间，没有田坎面积。

操作步骤如下：先找到需要发生变更的图斑，按变更位置确定范围把开垦的图斑分割，再把旱地合并，通过属性表填写其相应属性。

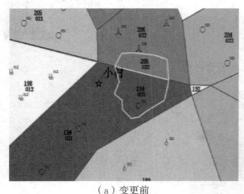

　　（a）变更前　　　　　　　　　　　　　　（b）变更后

图 8-4　多图斑内单起变更过程

（四）多图斑内多起变更

该类变更指在多个图斑内发生图斑合并、分割或属性变化，称为综合变更。如图 8-5 所示，A 乡经相关部门批准，修建了一条公路，线路为新村到李家村，为农村道路，涉及图斑为果园（图斑编码为 225/021）、茶园（图斑编码为 101/021）、其他草地（图斑编码为 214/034）和其他林地（图斑编码为 215/033）。在修建公路的同时，果园内新建公路的东侧变为旱地；茶园被新建道路一分为二，其他林地内一边建设一边申办国有建设用地审批手续，属未批先建；其他草地内又修建了一农村道路。

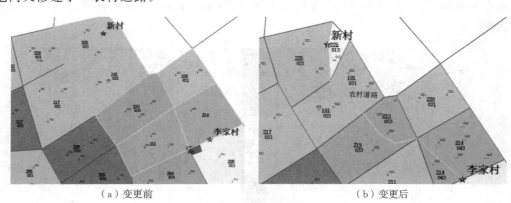

　　（a）变更前　　　　　　　　　　　　　　（b）变更后

图 8-5　多图斑内多起变更过程

二、坐标系统变换

（一）定义投影

坐标系的信息通常是从数据源获取的。如果数据源已定义了坐标系统，ArcGIS 可将其动态投影到不同的坐标系统中;反之,则无法对其进行动态投影。因此,在对未知坐标系的数据进行投影时,需要使用定义投影工具为其添加正确的投影信息。另外,如果某一数据集的坐标系不正确,也可使用该工具进行校正。

定义投影的操作步骤如下:

(1)启动 ArcToolbox,双击【数据管理工具】→【投影和变换】→【定义投影】,打开"定义投影"对话框,如图 8-6 所示。

图 8-6　"定义投影"对话框

(2)在"定义投影"对话框中,输入待定义数据。

(3)单击坐标系文本框右边的浏览按钮,打开"空间参考属性"对话框。"XY 坐标系"的名称文本框显示为"Unknown",表明原始数据没有定义坐标系统。

(4)可通过三种方式完成投影的定义。

①选择方式:该方式是通过选择系统预定义的坐标系来完成。单击"空间参考属性"对话框中的【选择】按钮,打开"浏览坐标系"对话框。坐标系统分为 Geographic Coordinate Systems(地理坐标系统)、Projected Coordinate Systems(投影坐标系统)和 Vertical Coordinate Systems(垂直坐标系统)三类。对于垂直坐标系统可定义高度或深度值的原点,除非要将数据集与使用不同垂直坐标系的其他数据合并,尽量不要使用该系统。当然在定义坐标系统之前,必须了解清楚数据源状况,以便正确地选择相应的坐标系统。

②导入方式:当已知原始数据与某一数据的投影相同时,可单击"空间参考属性"对话框中的【导入】按钮,浏览具有坐标系统的数据,用该数据的投影定义信息来定义原始数据。

③自定义方式:可建立系统暂未提供的坐标系。单击"空间参考属性"对话框中的【新建】按钮,可以新建地理坐标系统或投影坐标系统。在新建地理坐标系统中,需定义地理定义或选择基准面、角度单位和本初子午线等;在新建投影坐标系统中,需选择投影类型、设置投影参数及线性单位等。因投影坐标系统是以地理坐标系统为基础的,所以在定义投影坐标系统时还需要选择或新建一个地理坐标系统。

(5)投影定义完成后,可以浏览其详细信息,也可以进行修改。确认无误后,单击【确定】按钮,完成定义投影坐标系统的操作。

(二)投影变换

投影变换是将一种地图投影转换为另一种地图投影的过程。主要包括投影类型、投影参数和椭球体参数等的改变。在 ArcToolbox 中的【数据管理工具】→【投影和变换】工具集中有要素和栅格两种类型的投影变换。

1. 矢量数据的投影变换

（1）投影。矢量数据的投影变换可通过投影工具实现。该工具不仅能实现矢量数据在大地坐标系和投影坐标系之间的相互转换，还可以实现两种坐标系自身之间的转换。应注意，该工具只是对已定义坐标系的矢量数据进行操作。操作步骤如下：在 ArcToolbox 中双击【数据管理工具】→【投影和变换】→【要素】→【投影】，打开"投影"对话框，如图 8-7 所示。完成配置后，单击【确定】按钮，完成操作。

图 8-7　矢量数据投影参数设置对话框

（2）批量投影。批量投影支持多个输入要素类或数据集的批量转换。在 ArcToolbox 中双击【数据管理工具】→【投影和变换】→【要素】→【投影】，即可打开"批量投影"对话框，如图 8-8 所示。在进行批量投影转换时，要注意该工具不验证是否需要进行变换，因此需要先对输入数据中的任意一个数据使用投影工具进行确定。

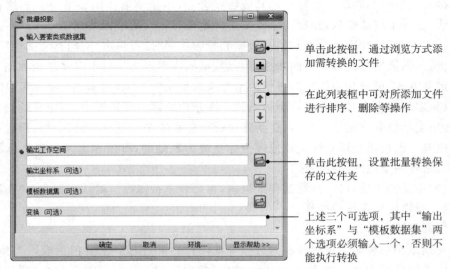

图 8-8　矢量数据批量投影参数设置对话框

完成配置后，单击【确定】按钮，完成操作。

2. 栅格数据的投影变换

　　栅格数据的投影变换是指将栅格数据集从一种地图投影变换到另一种地图投影。利用投影栅格工具可实现栅格数据的投影变换，操作步骤如下：在 ArcToolbox 中双击【数据管理工具】→【投影和变换】→【栅格】→【投影变换】，打开"投影栅格"对话框，如图 8-9 所示。完成配置后，单击【确定】按钮，完成操作。

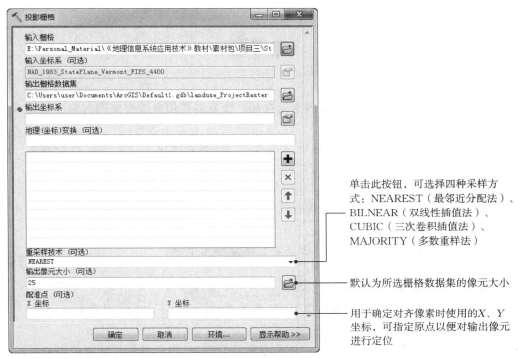

图 8-9　栅格投影参数设置对话框

职业能力训练

[训练一]

　　数据格式变换。

　　实训目的：了解不同的数据库数据格式，能进行不同数据的数据格式变换。

　　实训内容：准备数据"等高线.WL""地形图.dwg""行政区.shp"，完成以下操作：

　　(1)将"等高线.WL"文件转换为 Shapefile 格式。

　　(2)将"地形图.dwg"按要素类转入地理空间数据库(Geodatabase)中。

　　(3)将"行政区.shp"文件转换为.dwg 格式。

[训练二]

　　坐标系统变换。

　　实训目的：了解空间数据库坐标系统变换的原理，了解 ArcGIS 中定义投影、自定义地理坐标系统的操作方法。

　　实训内容：准备数据"坐标系统变换.shp"，为 1954 北京坐标系。已知 1954 北京坐标系转

换到 1980 西安坐标系的转换参数为:X-40.6,Y-2.6,Z-0.0。完成以下操作:

(1)将"坐标系统变换.shp"定义为 1954 北京坐标系。

(2)使用自定义地理坐标变换的方法创建从 1954 北京坐标系到 1980 西安坐标系的地理坐标变换参数。

(3)将"坐标系统变换.shp"定义为 1980 西安坐标系。

练习题

一、单项选择题

1. 恢复的基本原则就是冗余,即数据的重复存储。恢复的常用方法有定期对整个数据库进行复制或转储、( )、恢复。

    A. 建立日志　　　　B. 授权规则　　　　C. 数据备份　　　　D. 数据删除

2. 在( ),需要使用链接服务器指定一个外部数据源。

    A. 需要访问一个不同的数据库时　　　　B. 需要访问一个不同的实例时

    C. 需要访问一个不同的数据库架构时　　　　D. 需要访问一个不同用户所有者的对象时

二、填空题

1. 在实际应用中,常见的空间数据更新主要有地理要素增减、＿＿＿＿＿＿、＿＿＿＿＿＿、＿＿＿＿＿＿等。

2. 数据加密处理主要包括对文件的加密和＿＿＿＿＿加密。

3. 数据库加密是在操作系统和数据库管理系统的支持下,对数据库的＿＿＿＿＿或＿＿＿＿＿进行加密保护。

4. 数据存取控制是对数据的＿＿＿＿＿和权限进行控制,以免数据被非法使用和破坏。

5. 数据库的＿＿＿＿＿和＿＿＿＿＿是系统正式运行后最重要的维护工作之一。

三、问答题

1. 为什么要进行空间数据库更新?常见的空间数据库更新主要包括哪些方面?

2. 要素类更新应该注意哪些要点?

3. 简述空间数据库维护的内容及方法。

参考文献

Keith C. Clarke,2013.地理信息系统导论[M].叶江霞,吴明山,译.北京:清华大学出版社.

毕硕本,2013.空间数据库教程[M].北京:科学出版社.

陈国平,袁磊,王双美,2013.空间数据库技术应用[M].武汉:武汉大学出版社.

程昌秀,2012.空间数据库管理系统概论[M].北京:科学出版社.

崔铁军,2007.地理空间数据库原理[M].北京:科学出版社.

崔铁军,2015.地理空间数据获取与处理[M].北京:科学出版社.

董钧祥,李光祥,郑毅,2007.实用地理信息系统教程[M].北京:中国科学技术出版社.

范志勇,2010.县级农村土地利用空间数据库的建设及质量控制研究[D].长沙:中南大学.

龚健雅,杜道生,2004.当代地理信息技术[M].北京:科学出版社.

龚健雅,2001.空间数据库管理系统的概念与发展趋势[J].测绘科学,26(3):4-9.

郭俊杰,2014.基于 GIS 的土地利用评价与预测数据库设计与研究[D].合肥:安徽农业大学.

郭仁忠,2001.空间分析[M].2 版.北京:高等教育出版社.

韩家琪,毛克彪,夏浪,等,2016.基于空间数据仓库的农业大数据研究[J].中国农业科技导报,18(5):17-24.

黄崇本,2007.数据库技术与应用[M].北京:科学出版社.

马娟,2016.地理信息系统[M].北京:中国电力出版社.

牛新征,张凤荔,文军,等,2014.空间信息数据库[M].北京:人民邮电出版社.

饶拱维,杨贵茂,2015.Access 2010 数据库技术基础及应用[M].北京:水利水电出版社.

萨师煊,王珊,2007.数据库系统概论[M].4 版.北京:高等教育出版社.

史嘉权,2006.数据库系统概论[M].北京:清华大学出版社.

苏峰,黄正军,2003.GIS 空间数据管理模式探讨[J].计算机仿真,20(8):139-142.

汤国安,刘学军,闾国年,等,2007.地理信息系统[M].北京:高等教育出版社.

汤国安,杨昕.2013.ArcGIS 地理信息系统空间分析实验教程[M].2 版.北京:科学出版社.

吴信才,2013.空间数据库[M].北京:科学出版社.

肖建华,彭清山,李海亭,2015."测绘 4.0":互联网时代下的测绘地理信息[J].测绘通报(7):1-4.

许从宇,2011.土地利用数据质量控制与评价体系研究[D].杭州:浙江大学.

于小川,2005.数据库原理与应用[M].北京:人民邮电出版社.

张东明,吕翠华,马娟,等,2016.高职测绘地理信息类专业现状调查与分析——以云南省为例[J].职业技术教育,37(14):8-12.

张东明,2013.地理信息系统技术应用[M].北京:测绘出版社.

张利峰,2017.数据库技术及应用教程[M].北京:中国铁道出版社.

张新长,马林兵,2005.地理信息系统数据库[M].北京:科学出版社.

郑凯,2013.新一轮乡(镇)土地利用总体规划数据库建库标准与方法研究[D].天津:天津工业大学.

中华人民共和国国土资源部,2010.乡(镇)土地利用总体规划数据库标准:TD/T 1028—2010[S].北京:中国标准出版社.

朱长青,2017.地理数据数字水印和加密控制技术研究进展[J].测绘学报,46(10):1609-1619.